PBD를 위한

화재하중 · 설계화재모델

일본건축학회 저
한국화재소방학회 역

도서출판 동화기술

建築物の火災荷重および設計火災性状指針（案）

인사말씀

일본건축학회의 「건축물의 화재하중 및 설계화재성상 지침(안)」의 한국어 번역판을 출판하며

(사)한국화재소방학회는 화재소방분야에서 폭넓은 연구 활동과 각종 재난에 대처하기 위해 그동안 학문의 깊이를 더해 왔습니다. 대한민국의 화재소방분야 안전과 함께하면서 같이 한 시간이 30여년입니다. 화재소방분야 연구 폭이 커지면서 학회의 위상이 높아지고 연구자도 많이 증가하여 질적인 연구 내용이 향상되었습니다.

화재소방인 여러분의 노력과 성원으로 화재소방분야가 발전할 수 있는 계기가 되었고, 재도약의 기회를 마련했던 것 같습니다. 화재소방분야 발전을 위하여 토대를 마련해 주시고 봉사하여 주신 화재소방인 여러분께 머리 숙여 감사함을 전합니다.

화재소방안전에 관한 성능위주설계를 수행하기 위하여 학술적 기반이 절대적으로 필요하리라 봅니다. 우리 학회 건축방재부문회에서는 성능기반 화재안전설계 핵심부분 중의 하나인 화재성상예측에 대한 학술적 기반 조성을 목표로 "건축물의 화재하중 및 설계화재성상 지침서"를 출판하게 되었습니다. 본 번역서는 화재성상예측을 위하여 국내에서에서도 매우 좋은 연구 자료가 될 것으로 판단됩니다.

그동안 학술발표 및 국・내외세미나를 통해 소방성능위주설계의 문제점과 개선방안이라는 내용으로 연구 활동을 활발히 진행하고 있습니다. 본 번역서는 국내 소방분야 성능위주설계에 대한 이론적 기반을 제공한다는 측면에서 상당히 도움을 줄 수 있을 것입니다.

최근 화재로 인한 피해가 점차 늘어나고 있으며, 이로 인하여 크나큰 대가를 치르고 있습니다. 사건사고와 함께 대두되고 있는 화재의 대형화 문제를 해결하기 위해 학술활동, 포럼, 토론회 등을 통해 해결의 실마리를 풀어가도록 최선의 노력을 해야 할 것입니다. 이러한 상황에서 "건축물의 화재하중 및 설계화재성상 지침서" 내용은 매우 유익할 것으로 판단됩니다. 향후 본 내용을 토대로 면밀하게 검토하고, 국내의 상황을 고려한 화재성상예측 지침으로 업그레이드되어 재탄생할 수 있기를 기대합니다.

화재소방분야에서 재난 대처에 그동안 많은 연구를 수행하여 온 학계 및 소방기술인의 연구 활동을 위해 (사)한국화재소방학회에서는 최선을 다하고 넉넉해질 수 있도록 더욱 노력하겠습니다. 안전한 나라에서 행복한 국민으로 살아가기 위해서는 안전 확보에 구체적 실천계획이 있어야 합니다. 대한민국의 안전문화 확산을 위해 안전분야에서 묵묵히 자신의 소임을 다하시는 모든 분께 감사함을 전하면서 본 번역서를 위해 그동안 다방면으로 지원하시고 노력하여 주신 건축방재부문회 위원과 권영진 위원장께 감사드립니다.

2016년 11월

(사)한국화재소방학회

학회장 김엽래

역자서문

본 책자는 日本建築学会 防火委員会 火災安全設計小委員会(위원장 大宮喜文)에서 2013년 3월에 집필한 「建築物の火災荷重及び設計火災性状指針(案)」 내용을 한국화재소방학회의 건축방재부문회에서 「PBD를 위한 화재하중・설계화재모델」로 번역한 것으로, 국내 성능기반 화재안전설계에서 핵심부분 중의 하나인 화재성상예측에 대한 학술적 기반을 조성하는 것을 목표로 출판되었습니다. 책임번역자인 저는 2013년 3월 13일에 일본건축학회에서 본 책자에 대한 설명회를 개최할 당시, 당시 위원장이었던 일본 교토대학의 原田和典교수님의 초청을 받아 설명회에 참석하여 그 내용을 듣고, 화재성상예측을 위하여 한국에서도 매우 좋은 연구 및 실무자료가 될 것으로 판단하였습니다. 그러던 차에 현 위원장이신 동경이과대학의 大宮喜文교수님과 번역에 대한 상의 후 일본건축학회와의 협의를 거쳐 2016년 한국화재소방학회 추계학술대회의 건축방재부문회 특별세션에서 본 책자 설명회를 갖게 된 것입니다.

또한 본 책자는 한국화재소방학회 김엽래회장님으로부터 건축방재부문장의 역할을 부여받아 「성능설계의 문제점과 개선방안」이라는 내용으로 건축방재부문회를 이끌어나가면서, 본 책자가 한국의 성능설계에 대한 이론적 기반을 제공한다는 측면에서 상당히 도움을 줄 수 있다는 판단 하에 건축방재부문회 위원분들과 공동으로 번역하고 검토하여 이렇게 번역서를 출간하게 되었습니다. 또한 한국산업기술진흥협회의 지식클러스터 사업과 국토부 화재안전연구단의 지원을 받았으므로 이에 감사를 드립니다.

현재 국내의 경우, 화재안전에 관한 성능설계를 수행하기 위한 학술적기반이 매우 부족한 상태에서 이루어지고 있습니다. 특히 우리나라의 소방법의 경우, 2005년 8월 소방시설공사업법이 개정됨에 따라 대통령령이 정하는 특정소방대상물에 대하여는 해당특정소방대상물의 용도, 위치, 구조, 수용인원, 가연물의 종류 및 양 등을 고려하여 설계하는 이른바 성능설계제도가 법제화되었고, 이어 2007년과 2009년의 개정을 거쳐 2011년 7월 1일부터 대상건축물은 성능위주설계로 실시되고 있는 상황으로서 전개되어 가고 있으나, 최근 한국화재소방학회 건축방재부문회에서 주관한 「화재안전분야의 건축법 및 소방법의 성능설계를 위한 한・중・일 국제세미나」에서 논의된 바와 같은 많은 문제점들이 지적됨에 따라 전면적인 재검토가 요구되고 있습니다.

이러한 상황에서 본 일본건축학회의 지침내용은 매우 유익할 것으로 판단되고, 향후 본 내용을 토대로 면밀하게 검토되어 한국의 상황을 고려한 화재성상예측 지침으로 업그레이드되어 재탄생할 수 있기를 바랍니다. 본 결실을 볼 수 있도록 그동안 다방면으로 지원하여주신 김엽래회장님께 다시 한 번 감사를 드리고, 그동안 고생해준 건축방재부문회 위원님들께 감사드리며, 일본에이전트사와의 관계로부터 심혈을 기울여주신 도서출판 동화기술의 조형희 과장님께 감사드립니다. 마지막으로 일본건축학회 현 위원장이신 동경이과대학의 大宮교수님께는 본 책자번역에 관하여 처음 기획단계부터 강연자(新谷박사, 일본 竹中工務店 技術研究所) 추천에 이르기까지 여러 모로 감사드리며, 본 지침내용을 설명하여 주신 新谷祐介박사님께도 깊은 감사를 드립니다.

2016년 11월

역자대표 한국화재소방학회 건축방재부문장

호서대 교수 · 공박 권 영 진

저자서문

일본건축학회의「建築物の火災荷重及び設計火災性状指針(案)」한국어판의 발행에 대하여

일본건축학회 방화위원회 화재안전설계 소위원회의 산하에 설치된 화재하중・설계화재성상 워킹그룹에서는 건축물의 화재안전설계에 이용되는 화재하중 및 설계화재성상에 관한 과제를 검토하고 있습니다. 이러한 과제는 건축물의 화재안전설계를 검토하기 위하여 가장 긴요한 사항입니다.

이 화재하중・설계화재하중 워킹그룹의 활동의 성과로서「건축물의 화재하중 및 설계화재성상지침(안)」이 간행되었습니다.

본서는 건축물의 적재하중 및 고정하중에 관하여 용도별로 화재하중으로서 정리된 결과 및 가연물이 공간 내에서 연소하는 경우의 화재성상에 관하여 기존의 모델을 정리하고, 부족한 점은 새로운 실험 등을 행하여 모델식의 제안 등을 행한 결과를 나타내고 있습니다. 본 지침(안)은 현시점에서 얻을 수 있는 최신의 학술성과를 집약하고 정리한 결과입니다.

현재 건축물의 건추화재안전설계를 행할 때에는 고도한 방법(예를 들면, CFD 등의 고도한 시뮬레이션 기술 등)을 참고로 하는 예가 많습니다. 그와 같은 방법을 사용하는 경우, 계산시간이 매우 길어지는 문제점 등 설계안을 Try & Error로 검토하는 것은 곤란한 경우도 있고, 또한 얻어진 계산결과의 타당성의 유무의 판단이 곤란한 것이 지적되고 있습니다. 본서의 내용은 수계산 레벨 혹은 스프레드쉬트를 사용하여 계산가능한 간이한 모델식을 중심으로 구성되어 있고, 건축물의 설계자 및 방화기술자가 평이하게 사용할 수 있도록 구성되어 있습니다. 또한 본서를 사용함으로써 설계화재성상에 영향을 미치는 인자에 대한 이해가 용이하게 될 것입니다.

이번 본서의 번역에 진력해주신 한국 호서대학교의 권영진교수에게 감사를 드립니다. 또한 한국의 건축물의 설계자 및 방화기술자분들에게 건축물의 화재안전설계를 행하시면서 본서가 조금이라도 유용하게 사용될 수 있기를 기원합니다.

東京理科大学 教授
日本建築学会防火委員会火災安全設計小委員会 主査
大宮 喜文

총괄 번역 및 검토자 : **권영진**(한국화재소방학회 건축방재부문장, 호서대 소방방재학과 교수)

<table>
<tr><th>번역자</th><th>검토자</th><th>비고</th></tr>
<tr><td rowspan="3">김정희 / (주) PNR System
김동준 / 세한대학교
김동은 / (주)태산전자
구인혁 / 호서대학교
서동구 / 한국건설기술연구원</td><td>김용철 / 한국소방안전협회
김정엽 / 한국건설기술연구원
여인환 / 한국건설기술연구원
이영재 / 한밭대학교</td><td>1～2장</td></tr>
<tr><td>김동준 / (주)파라텍
김형준 / 한국건설생활환경시험연구원
신현승 / (주)융도엔지니어링
안형진 / 한국내화자재협회
장근호 / (주)우원엠앤이</td><td>3장</td></tr>
<tr><td>김길중 / 강남소방서
남준석 / 한국소방산업기술원
민정기 / 한국건설생활환경시험연구원
신이철 / 한국건설기술연구원</td><td>4～5장
부록</td></tr>
</table>

목차

건축물의 화재하중 및 설계화재성상 지침(안)

건축물의 화재하중 및 설계화재성상 지침(안) 해설

CHAPTER 1 기본사항

CHAPTER 2 화재하중

CHAPTER 3 국소화재 및 이동화재

CHAPTER 4 구획 내 전체화재

CHAPTER 5 화재구획 내의 연소확대

부록

찾아보기 · 209

건축물의 화재하중 및 설계화재성상 지침(안)

일본건축학회 저

한국화재소방학회 역

1장 기본사항

1.1 적용범위

본 지침은 건축물의 화재안전성을 검토하기 위하여 사용하는 화재하중 및 설계화재성상을 설정・산정하기 위하여 적용한다. 단, 별도의 조사, 연구에 따른 경우는 본 지침을 따르지 않아도 된다.

1.2 건축물의 화재안전성 기본요건의 적합성에 대한 검토방안

본 지침에 따라 건축물의 화재하중 및 설계화재성상을 설정하고 산정한 후, 건축물의 화재안전성을 위한 기본요건의 적합성에 대한 검토방법은 별도의 문헌에 따른다.

1.3 용어

본 지침에 따르는 용어는 다음과 같이 정의한다.

용어	정의
화재훼이즈	화재훼이즈는 건축물 내에서 출화로부터 진화에 이르기까지 시시각각 변화하는 화재진전의 상황을 나타낸다.
화재하중	화재하중은 화재구획 내에 출화로부터 진화에 이르기까지 연소에 기여하는 가연물을 말한다.
화재성상	화재성상은 화재구획 내에서 출화로부터 진화에 이르기까지의 과정을 나타냄과 더불어 그 과정에서 발생하는 열, 화염, 연기, 가스 등의 온도 및 양등의 변화를 말한다. 국소화재 및 이동화재시에는 가연물의 발열속도, 화염형상, 화염플륨형상, 연기성상, 화염 및 연기층으로 부터의 복사열을 지칭하고 또한 구획 내 전체화재시에는 화재구획 내 온도, 개구분출 열기류의 온도 및 그 화염형상을 지칭한다.
설계화재성상	설계화재성상은 건축물의 화재안전성의 기본요건에 대한 적합성의 검토를 행할 때, 화재훼이즈에 따라 설정하거나 산정하는 화재성상을 말한다.

화재구획	화재구획이란 화재가 발생한 공간에서 화재가 지속되고 있는 동안 붕괴되지 않고 유지되는 벽, 바닥(상층의 바닥도 포함), 또는 그것들에 설치되는 개구부로 둘러싸인 구획을 말한다. 여기에서 말하는 개구부는 화재 시에 환기가 행하여지는 개구부와 행하여지지 않는 개구부가 있고, 화재가 지속되고 있는 사이 환기에 유효한 개구부의 면적은 변화하지 않는 것을 전제로 하고 있다. 또한 화재구획이라는 것은 방화구획으로 한정하는 것은 아니다.
연료지배형	연료지배형이란 화재구획 내의 가연물의 연소가 가연물조건에 지배되는 상황을 말한다.
환기지배형	환기지배형이란 화재구획 내의 가연물의 연소가 개구부로부터 공급되는 공기량 및 화재구획 내의 공기량에 지배되는 상황을 말한다.
국소화재	국소화재란 구획화재 내의 가연물이 국소연소하는 화재를 말한다. 국소연소라는 것은 국소적인 가연물의 연소상태를 말한다. 국소화재는 연료지배형과 환기지배형이 있다. 연료지배형에서는 화재구획 내에서 국소적으로 가연물의 연소가 계속되고 화염 등이 가연물상부에 형성되어, 화재구획 내부는 연기층과 공기층으로 나뉘는 상태이다. 화재구획 내의 가연물이 적고, 분산되어 분포된 조건에서는 국소연소의 상태를 지속하고, 진화에 도달하는 것이 있다. 환기지배형에서는 산소와 가연물로부터 생성된 가연성 가스가 연소반응하는 부분에 국소적으로 화염을 생성하는 상태이고, 화염은 반드시 가연물 상층부에서만 형성되는 것은 아니다.
이동화재	이동화재란 화재구획 내의 가연물이 이동연소하는 화재를 말한다. 이동화재란 화재구획 내의 복수의 가연물이 이격되어 배치되고, 어느 가연물이 연소가 끝나기 전에 인접한 가연물에 연소확대되는 연소상태를 말한다. 복수의 가연물의 화염이 합류하여 연소할 경우, 가연물이 연속적으로 배치할 때, 가연물간의 연소확대를 반복하면서 이동하는 경우가 있다. 이동화재에는 연료지배형과 환기지배형이 있다.
구획 내 전체화재	구획 내 전체화재란 화재구획 내 모든 가연물이 전체적으로 연소되는 화재를 말한다. 구획 내 전체가 화염으로 발전하여 개구부로부터 구획 외로 화염이 분출하며, 이러한 구획 내 전체화재에는 연료지배형과 환기지배형이 있다.
화재플륨	화재플륨이란 연소하고 있는 가연물의 위쪽으로 형성되는 화염과 열기류(플륨)로 구성되는 화원상의 상승기류를 말한다.
플래시오버	플래시오버란 국소화재 및 이동화재로부터 구획전체화재, 또는 연료지배형으로부터 환기지배형의 화재로 바뀔 때 화세가 급격히 변화하는 천이상태를 말한다.

가연물조건	가연물조건이란 가연물의 형상, 재질 및 배치상황을 말한다.
구획조건	구획조건이란 화재구획을 구성하는 벽의 치수와 재질 및 개구의 치수와 위치를 말한다.
발열속도	발열속도란 연소하는 가연물에 대한 단위시간당 방출되는 열량을 말한다.
발열량	발열량이란 연소하는 가연물에 대한 방출되는 열량의 총계를 말한다.
적재가연물	적재가연물이란 건축용도 및 구획용도에 따른 건축물에 설치되는 가구 등의 가연물을 말하며 수납가연물로 표현되는 사례도 있다.
고정가연물	고정가연물이란 건축물의 일부로 되는 내장재료 및 창호 등의 가연물을 말한다.
가연물표면적	가연물표면적이란 주변의 공기에 노출되어 있는 가연물표면 부분의 면적을 말한다.
화재지속시간	화재지속시간이란 화재구획 내에서 연소가 지속되고 있는 시간을 말한다.

1.4 기본사항

본 지침(안)은 화재하중 및 설계화재성상에 관하여 다음과 같이 4장으로 구성되어 있으며 설정과 산정하는 방법을 제공한다.

- 화재하중(제2장)
- 국소화재 및 이동화재(제3장)
- 구획 내 전체화재(제4장)
- 화재구획 내 연소확대(제5장)

1.5 기호

2장 : 국소화재 및 이동화재	
【영문기호 (대문자)】	
A_{fuel}	: 실내의 가연물 표면적[m^2]
A_m	: 재료의 설치면적[m^2]
A_{room}	: 실의 바닥면적[m^2]
ΔH_i	: 재료 i의 단위발열량(재료의 단위중량당 발열량)[MJ/kg]
G_i	: 재료 i의 중량[kg]
V_i	: 재료 i의 체적[m^3]
W	: 공간 내의 가연물의 총발열량[MJ]
$W_{fitting}$	: 설비기기 등의 발열량[MJ]
W_{fix}	: 공간 내의 고정가연물의 총발열량[MJ]
W_{lining}	: 실의 마감재의 발열량[MJ]
W_{load}	: 공간 내의 적재가연물의 총 발열량[MJ]
W_{misc}	: 가구 등의 발열량[MJ]
【영문기호 (소문자)】	
d_m	: 재료의 두께[mm]
Δh_m	: 재료의 설치면적/m^2당, 두께 1 mm당 발열량[MJ/m^2mm]
w_{lingig}	: 내장재료 및 구획벽의 발열량을 바닥면적으로 나눈 값[MJ/m^2]
w_{load}	: 실의 바닥면적당의 적재가연물의 발열량 밀도[MJ/m^2]
【그리스 문자기호】	
ρ_i	: 재료 i의 밀도[kg/m^3]
ϕ	: 표면적계수[m^2/MJ]

3장 : 국소화재 및 이동화재	
【영자기호 (대문자)】	
A	: 화염의 표면적[m^2] 화염의 단변길이[m], 개구면적[m^2]
A_d	: 개구면적[m^2]

A_e : 배연구면적[m^2]

A_f : 가연물표면적[m^2]

A_r : 공간의 수평단면적[m^2]

A_T : 연기층에 폭로되는 부분(천장, 벽)의 유효 전열면적[m^2]

B : 화원의 장변길이[m]

B_d : 개구의 폭[m]

D : 대표길이(화원의 폭, 직경)[m], 직경(화원대표길이)[m]

E : 복사발산도[kW/m^2]

F, F_s : 형태계수[−]

H : 개구높이[m], 천장의 높이[m], 화원의 높이[m]

H_e : 자연배연구의 높이[m]

H_l : 개구의 하단높이[m]

H_r : 천장높이[m]

H_u : 개구 상단높이[m]

L : 화염의 높이[m]

L_c : 연속화염높이[m]

L_i : 간헐화염높이[m]

L_m : 평균화염높이[m]

ΔP : 실내외 차압[Pa]

Q : 발열속도[kW]

Q_l : 화원의 단위길이 당 발열속도[kW/m]

Q_{max} : 최대발열속도[kW]

Q_0 : 정상화원($n=0$)에서의 발열속도[kW], t^2화원($n=2$)에서의 화재성장율[kW/s^2]

Q^* : 무차원발열속도[−]

Q^*_{DH} : 무차원발열속도[−]

Q^*_l : 무차원발열속도[−]

Q^*_z : 무차원발열속도[−]

Q^*_{mod} : 무차원발열속도[−]

R_c : 연속전염길이[m]

R_i : 간헐전염길이[m]

R_L : 전염길이[m]

R_m : 평균전염길이[m]

T : 온도[K]

T_i : 복사면온도[K]

T_{pa} : 화재플륨의 평균온도[K]

T_s : 연기층온도[K]

$T_{surface}$: 수열면온도[K]

T_0 : 공기온도[K]

ΔT : 상승온도[K]

ΔT_s : 연기층의 상승온도[K]

ΔT_0 : 기류축상의 상승온도[K]

ΔT^* : 무차원온도[K]

THR : 총발열량[MJ]

V : 연기층의 체적[m^3]

V_e : 배연량[m^3/s]

W : 중량[kg]

【영문기호 (소문자)】

b : 높이 z에서 기류의 확산(반치폭)[m]

c : 벽의 비열[KJ/kgK]

c_p : 정압비열[KJ/kgK]

g : 중력가속도[m/s^2]

h : 종합열전달율[KW/m^2K]

h_k : 실효열전달율[KW/m^2K]

k : 벽의 열전도율[KW/mK]

m_d : 공기유입량[kg/s]

m_e : 배연량[kg/s]

m_p : 화재플륨의 유량[kg/s]

m_s	: 개구유량[kg/s], 연기유출량[kg/s]
n	: 실험정수[－]
Δp	: 압력차[Pa]
q_{in}, q''	: 복사열유속[KW/m^2]
r	: 수평거리, 화염중심으로부터 이격거리[m]
t	: 시간[s], 연기하강시간[s]
t_{decay}	: 감쇄종료시간[s]
t_{grow}	: 성장종료시간[s]
$t_{\max}$	: 정상연소종료시간[s]
w	: 화재플륨의 유속[m/s]
w_0	: 높이 z에서 중심축사의 유속[m/s]
w^*	: 무차원유속[－]
z	: 화원면으로부터의 높이[m], 연기층과 공기층의 경계높이[m], 높이[m], 연기층의 두께[m]
z_0, Δz	: 가상점열원의 위치[m]
z^*	: 무차원높이[－]

【그리스 문자기호】

α	: 화재성장율[KW/s^2], 유량계수[－]
α_d	: 화재감쇄율[KW/s^2]
γ	: 실험정수[－]
δ	: 벽두께[m]
ϵ	: 화염의 복사율[－], 연기층의 복사율[－]
θ	: 평면각[rad], 화원의 중심에 대한 수열면의 경사도[rad]
ρ	: 화재플륨의 밀도[kg/m^3], 벽의 밀도[kg/m^3]
ρ_a, ρ_0	: 공기밀도[kg/m^3]
ρ_b	: 체적밀도[kg/m^3]
ρ_s	: 연기층 밀도[kg/m^3]
$\Delta\rho$	: 밀도차[kg/m^3]
σ	: 스테판 볼츠만 상수($=5.67\times10^{-11}$)[KW/m^2K^4]
χ	: 화염의 발열량 중 복사성분으로 되는 비율[－]

4장 구획 내 전체화재

【영자기호 (대문자)】

A	: 개구면적[m^2]
A_f	: 수납가연물의 표면적[m^2]
A_{op}	: 개구면적[m^2]
A_T	: 화재구획 내의 벽체면적[m^2]
A_r	: 화재구획 내의 바닥면적[m^2]
B	: 개구폭[m]
G	: 고정가연물의 질량[kg]
H, H_{op}	: 개구높이[m]
ΔH	: 고정가연물의 단위질량당 발열량[MJ/kg]
I_h	: 열관성[KWs$^{1/2}$/m^{2}K]
K	: 열관류율[KW/m^{2}K]
L	: 벽체길이[m]
Q	: 개구 분출열기류의 열량[KW]
Q_E	: 개구로부터의 분출열기류가 갖는 열량[KW]
Q_{ex}	: 화재구획 내의 미반응된 가연성가스가 연소할 때 발생하는 발열속도[KW]
Q_H	: 화재구획 내의 가연물의 연소에 동반하는 연소발열속도[KW]
Q_R	: 개구로부터의 복사열량[KW]
Q_T	: 화재구획온도상승에 기여하는 단위시간당의 열량[KW]
Q_W	: 벽체(벽, 바닥, 천장)로의 실열량[KW]
T_f	: 화재구획 내 온도[K]
T_p	: 가연물의 열분해온도[K]
T_w	: 벽체에 대한 가열면측의 표면온도[K]
T_{wL}	: 벽체에 대한 비가열면측의 표면온도[K]
T_0	: 공기(외기)의 온도[K]
ΔT_0	: 기류중심축상의 상승온도[K]
V	: 구획 용적[m^3]
W	: 가연물의 총발열량[MJ], 화재구획 내의 가연물의 총발열량[MJ]
Z_n	: 중성대의 높이[m]

【영자기호 (소문자)】

c	: 벽체재료의 비열[KJ/kg/K]
c_p	: 정압비열(=1.01)[KJ/kg/K]
f_{op}	: 유효개구면적[m^2]
g	: 중력가속도[m/s^2]
h_c	: 대류열전달율[KW/m^{2}K]
k	: 벽체재료의 열전도율[KW/mK]
l	: 가열면으로부터의 길이[m]
m_d	: 개구로부터의 유입공기량[kg/s]
m_F	: 가연물의 열분해에 의한 가연성가스의 생성속도[kg/s], 열분해속도[kg/s]
m_s	: 개구로부터의 고온가스 유출량[kg/s]
n	: 분출면의 어스펙트비(개구폭 B/ 화염의 분출높이 h)[−]
$\Delta P(z)$	: 중성대높이로부터 상부방향으로의 압력차[Pa]
q_b	: 연소발열량[MW]
q_c	: 가연물의 연소열[MJ/kg]
q_0	: 고정가연물의 단위 바닥면적당 발열속도[KW/m^2]
q_w	: 목재의 단위면적당 발열속도[KW/m^2]
r_0	: 개구부에서 분출화염을 원형으로 할 때의 등가반경[m]
t	: 시간[s]
t_f	: 화재지속시간[min]
Δt	: 시간증분[s]
$v(z)$	: 중성대로부터의 높이 z[m]에서의 유속[m/s]
w_f	: 수납가연물의 단위바닥면당의 발열량 밀도[MJ/m^2]
x	: 벽면으로부터의 수평거리[m]
z	: 개구상단으로부터의 연직거리[m], 개구부의 중성대로부터의 높이[m]
z_n	: 중성대의 높이[m]

【그리스 문자기호 】

α	: 개구계수[−]
ϵ_r	: 화재구획 내 가스와 벽체면적 사이의 종합 복사율[−]

Θ : 무차원온도[−]

ρ : 벽체재료의 밀도[kg/m^3]

ρ_e : 화재구획 내 가스의 밀도[kg/m^3]

ρ_f : 화재구획 내 가스의 밀도($=353/T_f$)[kg/m^3]

ρ_0 : 외기밀도[kg/m^3]

$\Delta\rho$: 기체밀도차[kg/m^3]

σ : 스테판 볼츠만 상수($=5.67\times10^{-11}$)[KW/m^2/K^4]

δ : 화재구획 내의 벽체의 두께[m]

Φ : 수납가연물의 표면적계수[m^2/MJ]

ϕ : 내장재 등의 고정가연물의 단위표면적당 발열속도비[KW/KW-wood]

χ : 연소형 지배인자[m$^{1/2}$]

ζ : 화재구획의 용도에 따라 결정되는 계수[m$^{2/3}$/MJ$^{1/3}$]

5장 화재구획 내의 연소확대

【영자기호 (대문자)】

A_T : 화재구획 내의 표면적[m^2]

A_0 : 개구면적[m^2]

H_0 : 개구높이[m]

I_{crit} : 착화판정 조건치[(KW/m^2)^{2}s]

Q_{FO} : 플래시오버의 발생조건으로 되는 발열속도[KW]

【영자기호 (소문자)】

h : 열손실계수[KW/m^2/K]

k : 벽체재료의 열전도율[KW/m/K]

q_{ji} : 화염으로부터 복사열유속[KW/m^2]

q_{si} : 연기층으로부터 복사열유속[KW/m^2]

q_{ti} : 미착화된 가연물에 입사하는 복사열유속[KW/m^2]

δ : 벽체의 두께[m]

2장 화재하중

화재안전설계에 사용하는 화재하중은 설계대상으로 하는 공간의 실제상황과, 고려하는 화재훼이즈에 따라 적절하게 설정한다. 고려하는 화재성상은 극초기화재, 초기화재, 성기화재의 3개의 분야로 대별한다.

2.1 출화 직후의 극초기화재에 사용하는 화재하중의 설정

출화 직후의 극초기화재에 사용하는 화재하중은 출화원인으로 되기 쉬운 물품, 기구 등의 출화 전후의 연소상황을 고려하여 설정한다.

2.2 국소화염 및 이동화재에 사용하는 화재하중의 설정

국소화재 및 이동화재의 산정에 사용하는 화재하중에는 공간 내의 가연물 중 유염연소의 확대속도와 연소규모의 양자를 고려하여 적절하게 설정한다.

2.3 구획 내 전체화재에 사용하는 화재하중의 설정

구획 내 전체화재의 산정에 사용하는 화재하중은 실의 사용상황에 따라 실내의 가연물 중 연소에 기여하는 것을 고려하여 설정한다.

3장 국소화재 및 이동화재

3.1 가연물의 발열속도 산정

가연물의 발열속도는 공간 내에서 고려하는 가연물에 따라 적절히 산정한다. 산정하는 방법으로는 물품명으로부터 추정하는 방법, 물품명과 치수로부터 산정하는 방법 및 주요 구성재료와 크기로부터 추정하는 방법이 있다.

3.2 국소화재 및 이동화재를 상정한 설계화재성상

국소화재 및 이동화재를 선택하는 경우, 화재구획 내의 가연물의 조건에 따라 설계화재성상을 적절하게 산정한다.

(1) 가연물의 발열속도

가연물의 발열속도는 화재구획 내의 가연물의 조건을 고려하여 상정할 가연물을 설정한 후, 국소화재 또는 이동화재를 선택하여 적절히 산정한다.

① 국소화재

② 이동화재

(2) 화염형상

화염형상은 가연물과 벽의 위치관계, 크기, 발열속도, 화원면 기준높이를 적절하게 설정하여 산정한다.

(3) 화재플룸성상

화재플룸형상은 가연물과 벽의 위치관계, 가연물의 크기, 발열속도, 화원기준높이를 적절히 설정하여 산정한다.

① 화염플룸온도

② 화재플룸유량

③ 천장젯

(4) 연기성상

연기성상은 가연물과 벽의 위치관계, 가연물의 크기, 발열속도, 화원면 기준높이 및 화재구획을 구성하는 천장과 벽의 시방, 화재구획의 크기, 또는 배연설비를 적절히 설정하여 산정한다.

① 연기층 온도
② 연기층 강하
③ 배연설비를 고려한 연기층높이

3.3 화염 및 연기층으로부터 가연물로의 복사열유속

화염 및 연기층으로부터 가연물로의 복사열유속은 가연물상층부에 형성되는 화염형상 및 연기층으로부터 양자를 합산하여 산정한다.

① 화염으로부터 가연물로의 복사열유속
② 연기층으로부터 가연물로의 복사열유속

4장 구획 내 전체화재

4.1 화재구획의 설정

구획 내 전체화재의 성상은 화재성상이 일정하게 되는 화재구획의 범위를 설정하여 산정한다.

4.2 화재구획 내 온도

화재구획 내 온도는 화재구획의 가연물조건 및 구획조건을 적절히 설정하고 화재구획 내의 열수지와 질량수지에 따라 산정한다.

4.3 개구분출 열기류의 온도 및 화염형상

개구분출 열기류의 온도 및 그 화염형상은 화재구획 내 온도, 가연물의 발열속도, 화재구획의 개구조건을 적절하게 설정하여 산정한다.

5장 화재구획 내 연소확대

5.1 가연물간의 연소확대

화재구획 내의 가연물간의 연소확대를 예측하기 위해서는 화재구획의 가연물조건 및 구획조건으로부터 화염 및 연기층으로부터 복사열유속을 산정하고, 미착화 가연물로의 착화를 산정한다.

5.2 구획 내 전체의 가연물로의 연소확대

국소화재 및 이동화재로부터 구획 내 전체로 연소확대를 예측하기 위해서는 화재구획의 가연물조건 및 구획조건으로부터 판정한다.

건축물의 화재하중 및 설계화재성상 지침(안) 해설

CHAPTER 01

기본사항

1.1 적용범위

> 본 지침은 건축물의 화재안전성을 검토하기 위하여 사용하는 화재하중 및 설계화재성상을 설정・산정하기 위하여 적용한다. 단, 별도의 조사, 연구에 따른 경우는 본 지침을 따르지 않아도 된다.

– 해설 –

건축물의 화재안전성을 검토하기 위하여는 우선적으로 건축물에 요구되는 화재안전성의 기본요건을 정리하여야 한다. 그 기본요건으로서 출화확대방지성능, 피난안전성능, 구조내화성능, 소방활동 지원성능, 연소확대 방지성능 등을 들 수 있다.[1] 피난안전성능에서는 화재 시에 재실자가 안전하게 피난할 수 있는가, 또한 구조내화성능에서는 화재로 인하여 건물이 붕괴되지 않을까 라는 시점에서 화재안전성을 검토하게 된다. 이와 같은 화재안전성을 확보하기 위해서는 일상적인 건축물의 유지관리, 초기소화, 피난유도 등의 소프트면에서의 대응도 중요하나 감지, 소화, 배연 등의 방재설비와 더불어 주요구조부재의 내화피복 및 방화구획과 같은 측면에서의 대응도 중요하다.

또한 건축물의 화재안전설계를 행하는 경우에는 내장, 구조, 설비, 방화의 설계자, 발주처, 관리자가 방재계획의 기본계획(예를 들면, 재실자의 신속한 피난계획)을 염두에 두고 계획과 설계에 관여할 필요가 있다. 준공 후의 계획변경시 화재안전성을 계속 유지하기 위하여는 설계당초로부터 책정된 방재계획의 기본방침에 따라 유의하여 관리를 행하여야 한다. 즉, 화재안전성을 높이기 위해서는 화재분야로 제한하지 않고 폭넓은 건축관계자들의 이해를 도모하여야 한다.

본 지침(안)은 건축물의 화재안전성을 검토하기 위하여 필요한 하재하중 및 설계화재성상을 설정하고 산정하는 방법을 나타낸다. 이 지침(안)에서는 건축물에 요구되는 화재안전성의 기본요건에 따라 설정된 목표수준에 대하여 조사·연구 등의 성과에 따라 얻어진 지식을 토대로 제안된 방법을 나타낸다. 또한 이 지침은 다음과 같은 조건을 전제로 한다.

- 한 건축물에서 2 이상의 층에 걸친 화재는 발생하지 않는다.
- 위험물을 취급하는 특수한 용도를 대상으로 하지 않는다.
- 소화설비 및 소화활동에 의한 소화효과는 고려하지 않는다.

건축물의 이용형태를 고려하면 본 지침(안)에서 모두 포함시킬 수가 없다. 따라서 전술한 조건도 포함하여 검토대상으로 되는 건축물에 대하여 특별히 조사, 연구를 시행한 결과, 적절한 화재하중 및 설계화재성상의 설정, 산정방법이 도출되고 그러한 방법을 사용함으로써 건축물의 화재안전성을 검토할 수 있다면, 본 지침(안)을 따르지 않아도 좋다.

1.2 건축물의 화재안전성 기본요건에 대한 적합성 검토방법

> 본 지침에 따라 건축물의 화재하중 및 설계화재성상을 설정하고 산정한 후에 행하는 건축물의 화재안전성의 기본요건에 대한 적합성 검토방법은 별도의 문헌에 따른다.

– 해설 –

건축물의 화재안전성 검토는 일반적으로 다음과 같은 프로세스로 행한다.

① 화재안전성 목표의 설정 : 건물전체 및 부분에 대하여 화재안전성의 목표를 설정한다. 또한 화재안전성의 목표에는 방화규정에 의하여 요구되는 목표(피난안전·주변으로 위해방지) 외 별도로 정해진 목표(특별한 재산의 보호, 사업지속, 역사적 건조물의 보호 등)가 있다.

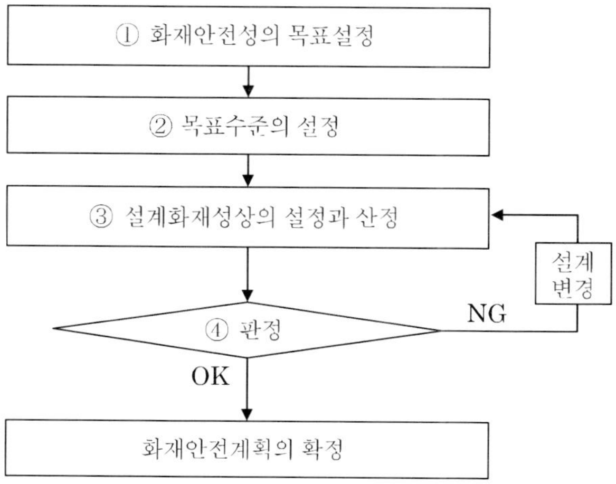

그림 1.2.1 건축물의 화재안전성 검토 프로세스

② 목표수준의 설정 : ①에서 설정한 화재안전성의 목표를 달성하기 위하여 요구 성능을 정리하고 검토할 때 목표수준을 구체적인 수치로 결정한다.

③ 설계화재성상의 설정・산정 : 설계화재성상은 건축물의 건축설계계획의 각종 조건에 따라 설정하고 ②에서 설정한 목표수준을 적절히 평가할 수 있는 방법을 선택, 산정하여 구체적인 검토를 행한다.

④ 판정 : ③의 검토결과에 따라 안전한 것으로 판정된 경우는 그 계획을 피난안전계획으로 반영한다. 판정이 안전하지 못한 것으로 판별된 경우는 설계변경 등을 행하고 ③으로부터 프로세스를 재실행한다.

상기의 과정 중에 ② 목표수준의 설정 및 ④ 검토결과의 판정에 관한 방법은 이 지침에 나타내지 않고, 아래에 나타낸 지침 등을 사용할 것을 권장한다.

- 건축물의 화재안전설계지침, 일본건축학회
- 건축물의 연기제어계획지침, 일본건축학회
- 강구조내화설계지침, 일본건축학회
- 화재시의 엘리베이터를 이용한 피난계획지침(안), 일본건축학회
- 건축물의 종합방화설계법, 일본건축센터
- 방화구획의 설계・시공팜플렛, 일본건축학회

1.3 용어

본 지침에 사용하는 용어는 다음과 같이 정의한다.

화재훼이즈	화재훼이즈란 건축물 내에서 출화로부터 진화에 이르기까지 시시각각 변화하는 화재진전의 상황을 나타낸다.
화재하중	화재하중이란 화재구획 내에서 출화로부터 진화에 이르기까지 연소에 기여하는 가연물을 말한다.
화재성상	화재성상은 화재구획 내에서 출화로부터 진화에 이르기까지의 과정을 나타냄과 더불어 그 과정에서 발생하는 열, 화염, 연기, 가스 등의 온도 및 양등의 변화를 말한다. 국소화재 및 이동화재에 있어서는 가연물의 발열속도, 화염형상, 화염플륨형상, 연기성상, 화염 및 연기층으로 부터의 복사열 또한 구획 내 전체화재에 있어서는 화재구획 내 온도, 개구분출 열기류의 온도 및 그 화염형상을 나타낸다.
설계화재성상	설계화재성상은 건축물의 화재안전성의 기본요건에 대한 적합성의 검토를 행할 때, 화재훼이즈에 따라 설정하거나 산정하는 화재성상을 말한다.
화재구획	화재구획이란 화재가 발생한 공간에서 화재가 지속되고 있는 동안 붕괴되지 않고 유지되는 벽, 바닥(상층의 바닥도 포함), 또는 그것들에 설치되는 개구부로 둘러싸인 구획을 말한다. 여기에서 말하는 개구부는 화재 시에 환기가 행하여지는 개구부와 행하여지지 않는 개구부가 있고, 화재가 지속되고 있는 사이 환기에 유효한 개구부의 면적은 변화하지 않는 것을 전제로 하고 있다. 또한 화재구획이라는 것은 방화구획으로 한정하는 것은 아니다.
연료지배형	연료지배형이란 화재구획 내의 가연물의 연소가 가연물조건에 지배되는 상황을 말한다.
환기지배형	환기지배형이란 화재구획 내의 가연물의 연소가 개구부로부터 공급되는 공기량 및 화재구획 내의 공기량에 지배되는 상황을 말한다.
국소화재	국소화재란 구획화재 내의 가연물이 국소연소하는 화재를 의미하고, 국소연소라는 것은 국소적인 가연물의 연소상태를 말한다. 국소화재는 연료지배형과 환기지배형이 있다. 연료지배형에서는 화재구획 내에서 국소적으로 가연물의 연소가 계속되고 화염 등이 가연물 상층부에 형성되어, 화재구획 내부는 연기층과 공기층으로 나뉘는 상태이다. 화재구획 내의 가연물이 적고, 분산되어 분포된 조건에서는 국소연소의 상태가 지속되고, 진화되는 것이 있다. 환기지배형에서는 산소와 가연물로부터 생성된 가연성 가스가 연소반응

	하는 부분에 국소적으로 화염을 생성하는 상태이며, 화염은 반드시 가연물상층부에서만 형성되는 것은 아니다.
이동화재	이동화재라는 것은 화재구획 내의 가연물이 이동연소하는 화재를 말한다. 이동화재란 화재구획 내의 복수의 가연물이 이격되어 배치되고 어느 가연물의 연소가 끝나기 전에 인접한 가연물에 연소확대되는 연소성상을 말한다. 복수의 가연물의 화염이 합류하여 연소하는 경우와 가연물이 연속적으로 배치되어 가연물간의 연소확대현상이 반복적으로 이동하는 경우가 있다. 이동화재에는 연료지배형과 환기지배형이 있다.
구획 내 전체화재	구획 내 전체화재란 화재구획 내 전체의 가연물이 모두 연소되는 화재를 말한다. 구획 내 전체가 화재로 발전하여 개구부로부터 구획 외로 화염이 분출하는 사례도 있다. 이러한 구획 내 전체화재에는 연료지배형과 환기지배형이 있다.
화재플룸	화재플룸이란 연소하고 있는 가연물의 위쪽으로 형성되는 화염과 열기류(플룸)로 구성되는 화원상의 상승기류를 말한다.
플래시오버	플래시오버란 국소화재 및 이동화재로부터 구획 내 전체화재 또는 연료지배형으로부터 환기지배형의 화재로 바뀔 때 화세가 급격히 변화하는 천이상태를 말한다.
가연물조건	가연물조건이란 가연물의 형상, 재질 및 배치상황을 말한다.
구획조건	구획조건이란 화재구획을 구성하는 벽의 치수와 개구의 치수와 위치를 말한다.
발열속도	발열속도란 연소하는 가연물로부터 단위시간당 방출되는 열량을 말한다.
발열량	발열량이란 연소하는 가연물로부터 방출되는 열량의 총계를 말한다.
적재가연물	적재가연물이란 건축용도 및 구획용도에 따라 건축물에 설치되는 가구 등의 가연물을 말하며, 수납가연물로 표현되는 사례도 있다.
고정가연물	고정가연물이란 건축물의 일부분인 내장재료 및 창호 등의 가연물을 말한다.
가연물표면적	가연물표면적이란 공기에 노출되어 있는 가연물 표면 부분의 면적을 말한다.
화재지속시간	화재지속시간이란 화재구획 내에서 연소가 지속되고 있는 시간을 말한다.

– 해설 –

(1) 화재훼이즈

건축물의 화재안전설계를 행하는 경우, 건축물의 규모 및 용도에 따라 건축물에서 발생하는 화재의 진전을 화재훼이즈에 따라 적절하게 선택하는 것은 화재안전설계를 행할 때 매우 중요하다. 여기에서 말하는 화재훼이즈라고 하는 것은 건축물 내에서 화재가 발생하고 진화에 이를 때까지 시간경과에 따라 변화하는 화재진전의 상황을 나타낸다. 화재가 발생하고 진화까지 이르는 시간(화재지속시간)은 화재구획의 가연물조건 및 구획조건에 따라 결정된다.

화재구획이라고 하는 것은 화재가 발생한 공간에서 화재가 지속되고 있는 사이에 붕괴되지 않고 벽, 바닥(상층의 바닥 포함), 또한 그곳에 설치된 개구부로 둘러싸인 구획을 말한다. 여기에서 말하는 개구부는 화재 시에 환기가 행하여지는 개구부가 있고 그렇지 못한 개구부가 있으며, 화재가 지속되는 경우 환기에 유효한 개구부의 면적은 변화하지 않는 것을 원칙으로 한다. 화재가 지속되는 사이, 화재구획 외로 연소 확대가 없다고 한다면 화재성상을 산정할 때 사용되는 다양한 방법의 적용이 가능하다. 화재구획에 대한 형상의 변동을 고려하는 경우는 고도한 시뮬레이션기술을 활용할 필요가 있다. 또한 가연물 조건이란 것은, 가연물의 형상, 재질 및 배치상황을 의미하고 구획조건이라는 것은 화재구획을 구성하는 벽의 치수와 재질 및 개구의 치수와 위치를 말한다. 또한 본 지침에서 말하는 화재구획이라고 하는 것은 방화구획으로 한정하는 것은 아니다.

본 지침에서는 화재의 진전을 다음의 3가지 화재훼이즈로 분류한다(그림 1.3.1 참조).

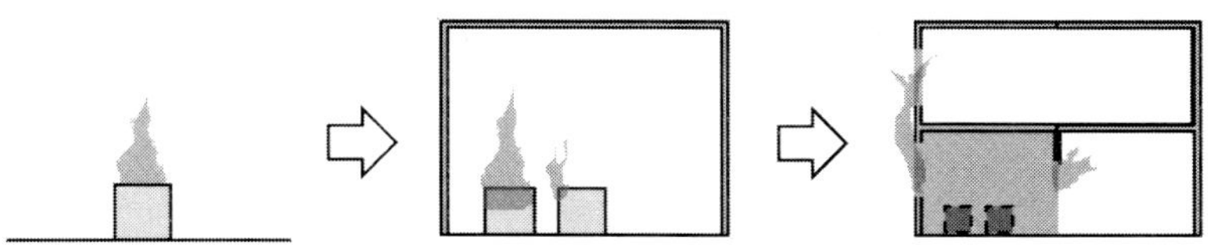

그림 1.3.1 화재훼이즈의 분류

(a) 화재훼이즈의 분류

훼이즈 1은 화재구획 내에서 착화된 가연물이 단독으로 연소하고 있는 국소화재의 상태를 말한다. 국소화재는 화재구획 내의 단독체의 가연물이 국소적으로 연소하고 있는 화재를 의

미한다. 국소화재에는 연료지배형과 환기지배형이 있다. 연료지배형이란 화재구획 내의 가연물의 연소가 가연물조건에 지배되는 상태를 말한다. 환기지배형화재란 화재구획 내의 가연물의 연소가 개구부로부터 공급되는 공기량 및 화재구획 내의 공기량에 지배되는 상태를 말한다.

훼이즈 1은 연료지배형의 국소화재이고, 화재구획 내에서 국소적으로 가연물의 연소가 지속되고, 화염 등이 가연물의 상부에서 형성되며, 화재구획 내는 공간상부에 형성되는 연기층과 그 공간하부에 형성되는 공기층으로 나뉜 상태이다. 화재구획 내의 가연물이 적고, 분산된 조건 등에서는 국소연소의 상태를 지속하고 진화되는 경우도 있다.

훼이즈 1에서 화재안전설계의 대상으로 되는 주요화재성상은 가연물의 발열속도, 화염성상, 화재플륨성상, 연기성상, 화염 및 연기층으로부터의 복사열 등이다. 화재성상의 산정은 가연물조건 등의 정보가 필요하다. 또한 여기에서 말하는 발열속도라는 것은 가연물이 연소하여 단위시간당 방출하는 열량을 의미하고, 화재플륨이라는 것은 가연물이 연소하여 그 위쪽으로 형성되는 화염 및 열기류로부터 형성되는 화원상층부로의 상승기류를 말한다.

훼이즈 1로부터 훼이즈 2로의 이행(단독가연물의 연소로부터 인접하는 가연물로 연소가 확대)은 착화된 가연물의 연소가 급격하게 되어 가연물상으로 형성되는 화염이 크게 되고, 천장 아래에서 화염 및 고온의 연기가 넓어짐으로써 주변의 가연물로 복사열이 증가하는 현상이 발생한다. 또한 가연물이 적고 국소적으로 가연물이 배치된 경우, 가연물간의 거리가 떨어진 경우, 방염품 및 불연성의 물품이 배치된 경우 등 가연물간의 연소확대가 발생하지 않아 웨이지 2로 진행하지 못하는 경우도 있다.

훼이즈 2는 화재구획 내에서 연소하고 있는 가연물로부터 다른 가연물로의 연소확대되어 복수의 가연물이 동시에 연소하는 이동화재의 국면이다. 이동화재라는 것은 화재구획 내에 복수의 가연물이 떨어져 배치된 경우, 어느 가연물의 연소가 끝나기 전에 인접한 가연물로 연소확대되는 화재를 말한다. 복수의 가연물의 화염이 합류하여 연소하는 경우, 가연물이 연속적으로 배치되어 있는 환경에서는 가연물간의 연소확대가 반복되면서 이동하는 경우가 있다. 훼이즈 2의 화재안전설계의 대상이 되는 주요화재성상은 가연물의 발열속도, 화염성상, 화재플륨성상, 연기성상, 화염 및 연기층으로부터의 복사열 등이 있다. 화재성상의 산정으로는 가연물조건, 구획조건 등의 정보가 필요하게 된다.

훼이즈 2로부터 훼이즈 3으로의 이행(복수가연물의 연소로부터 화재구획 내 전체의 가연물의 연소)은 연기층으로부터 복사열 등에 의하여 화재구획 내 배치된 미연소 상태 가연물이 일제히 착화됨으로써 발생한다.

훼이즈 3은 화재구획 내 전체에서 연소반응이 나타나는 화재상황이다. 이 상황에서는 화재구획 내 모든 가연물이 연소되는 구획 내 전체화재이다. 별도로 국소연소하는 화재도 있으나, 이러한 화재는 산소와 가연물로부터 생성되는 가연성가스가 연소반응하는 공간부분에서 국소적인 화염을 생성하는 상태(예를 들면, 밀폐된 화재구획 내의 연소에서 볼 수 있는 고스팅화재[2)~4)] 등)이므로 화염은 반드시 가연물 위로 형성되지 않는다. 이와 같은 성상은 아직 연구결과가 부족하여 산정방법이 확립되지 못하였으므로 본 지침에서는 대상으로 하지 않는다.

훼이즈 3의 화재성상은 화재구획 내 온도, 개구분출 열기류의 온도 및 그 화염형상 등이 설계상 중요한 인자가 된다. 화재성상의 산정으로는 훼이즈 2와 마찬가지로 가연물조건, 구획조건 등의 정보가 필요하게 된다.

이상을 정리하면 다음과 같다.

- 훼이즈 1 : 착화된 가연물이 단독체로 연소되고 있는 상황
- 훼이즈 2 : 화재구획 내의 연소하고 있는 가연물로부터 인접한 가연물로 연소확대됨으로써 복수의 가연물이 연소되고 있는 상황
- 훼이즈 3 : 화재구획 내 전체의 가연물이 연소되고 있는 상황

실제의 화재에서는 훼이즈 3 이후 건물전체로 화염이 확대되어 가는 경우도 있으나 본 지침에서 대상으로 하고 있는 것은 훼이즈 1～3을 대상으로 하고 있다. 예를 들면, 피난안전성을 검토하는 경우는 훼이즈 1～2의 화재에 대하여 출화구획 및 출화층의 재실자를 대상으로 하고, 훼이즈 2～3의 화재에 대하여는 건물전체의 재실자 각각의 피난동선 및 연기성상을 이미지하고 피난계획의 전체적인 개념을 결정하여 이것을 만족하기 위하여 필요한 목표수준을 설정하여 검토한다. 구조내화성능을 검토하기 위해서는 국소적인 화재로 머무르는 경우는 훼이즈 1～2, 더욱 화재가 진전되어 화재구획 내 전체로 화재가 확대되면 웨이즈 3의 화재를 검토하여 이것에 대하여 필요로 하는 목표수준을 설정하여 검토한다.

그림 1.3.2는 본지침(안)에서 대상으로 하고 있는 훼이즈 1～3의 흐름에 따른 화재의 진전단계를 나타낸다. 이 그림에서는 훼이즈 1로부터 각 훼이즈로의 이행하는 흐름을 나타내고 있다. 또한 훼이즈 3에서는 연소에 따른 개구 및 가연물량은 시간과 더불어 변화(창유리의 파손, 연소에 따른 가연물의 감소)하기 때문에 환기지배형의 국소화염으로부터 환기지배형의 전체화재, 환기지배형의 전체화재로부터 연료지배형의 전체화재 등과 같은 연소의 형태가 변화될 가능성이 있다.

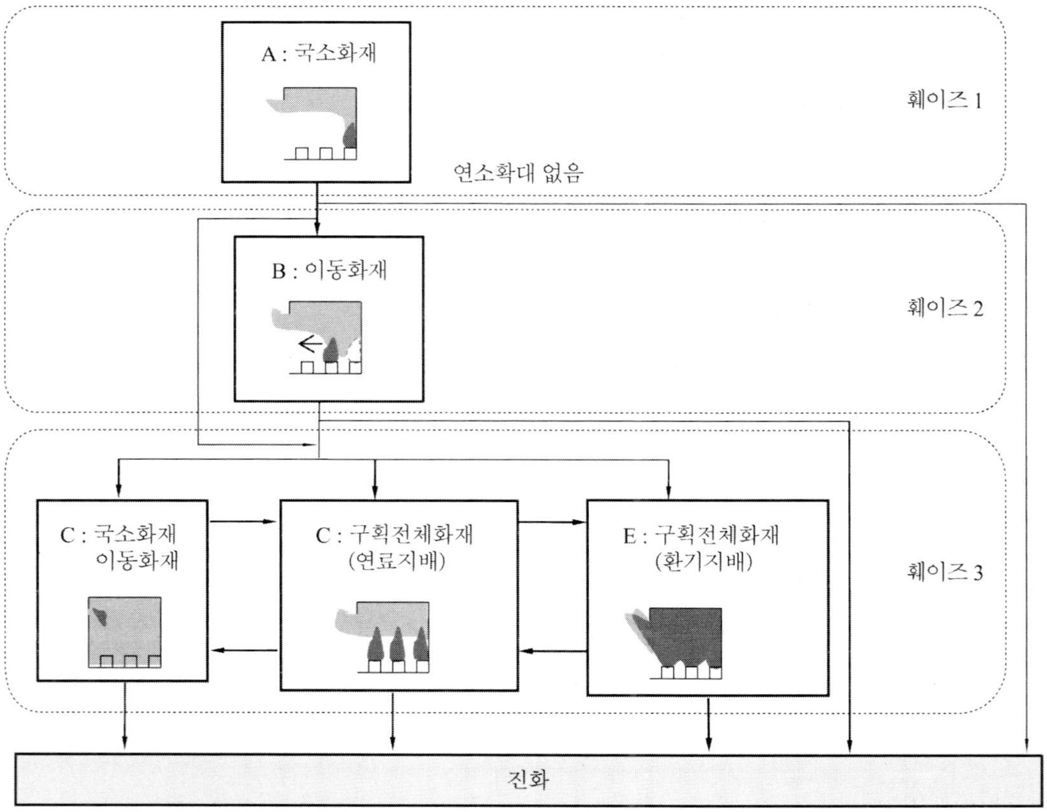

그림 1.3.2 화재훼이즈 1~3의 진전단계

한편, 그림 1.3.3은 훼이즈 1~3의 화재구획 내의 화재성상의 분류를 나타낸다. 여기에서는 화재구획의 상태[개구인자(구획의 개구부를 통한 환기량을 계산하기 위한 중요한 패러매터) 가연물량의 다소]와 화재성상의 관계를 나타내고 있다. 연소가연물(단독체, 복수, 구획 내 전체)과 연소형태(연료지배, 환기지배)로 정리하여 나타내었다.

(b) 화재훼이즈별 건축물의 화재안전설계시 유의사항

① 훼이즈 1~2

출화구획 내에서 화재가 확대되고 있는 훼이즈 1~2의 단계에서는 출화구획의 피난(거실피난 및 층피난)이 중요하다. 이 단계에서는 화염의 전파・확대보다 연기층의 확산이 빠르다. 또한 화재로 인한 사망원인의 대부분은 소사(CO중독사와 화상 중에서 어떤 것이

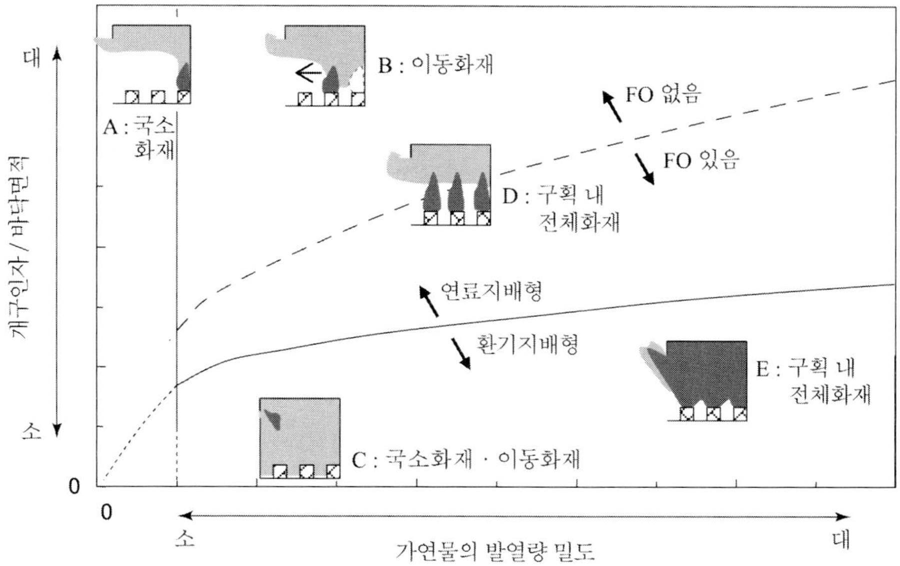

개구인자 : $A\sqrt{H}$ (A : 개구면적, H : 개구높이)

연소가연물 / 연소상태	단독체	복수	구획 내 전역
연료지배형	A : 국소화재	B : 이동화재	D : 구획 내 전체화재
환기지배형	C : 국소화재·이동화재		E : 구획 내 전체화재

* C의 상태에서는 연소되는 가여물이 단독체인가 혹은 복수인가의 구분은 어렵기 때문에 동일상태로 표현하고 있고 산정방법이 확립되어 있지 않기 때문에 본 지침에서는 제외함.

그림 1.3.3 화재구획 내 화재성상의 분류(문헌[5])의 그림을 가필수정)

사망원인에 영향을 미치고 있는지 모르는 상태) 또는 CO중독사이므로 재실자가 연기에 노출되기 전에 피난을 완료하여야 한다. 피난개시를 빠르게 하기 위하여 감지기의 조기 작동이 요망된다. 감지기의 작동시간은 천장을 통하는 화염 및 열기류(천장젯)의 성상이 관계한다.

또한 구조내화성능의 관점으로부터는 구획 화재시 부분적인 연소에 따라 발생하는 화염에 의하여 구조체가 붕괴·변형되지 않도록 유의하여야 한다.

② 훼이즈 2~3

훼이즈 2로부터 훼이즈 3으로 이행하면 출화층의 피난경로에 화재의 영향이 미칠 위험이 있다. 그렇기 때문에 이 단계까지 출화층으로부터 피난이 종료되거나 또는 안전구획

(연기에 대하여 안전하게 피난할 수 있도록 사용되는 경로)까지 재실자가 도달할 필요가 있다.

③ 훼이즈 3

훼이즈 3은 화재구획 내 전체로 화재가 확대되는 상황이다. 피난안전성능의 관점에서는 복도 등의 피난경로에 화재의 영향이 미칠 우려가 있고, 모든 재실자가 건축물로부터 피난을 완료할 수 있는지 검토할 필요가 있다.

또한 내화성능의 관점으로부터는 구조부재가 고온의 화염 및 연기에 장기간 폭로되기 때문에 그와 같은 상황에 있어서도 구조체의 붕괴, 변형(허용치를 넘는 변형)이 발생하지 않는가를 검토할 필요가 있다.

연소확대 방지성능의 관점에서 방화구획이 화재구획으로 된 경우, 인접하는 화재구획에 연소확대가 되지 않도록 소화설비 및 방화구획을 계획할 필요가 있다.

또한 소방활동은 화재가 발생하고 나서 진화될 때까지 관계하기 때문에 모든 훼이즈와 관계한다. 일정규모 이상의 건물 내에는 중앙관리실, 방재센터가 설치되어 초기에 화재발견의 가능성은 높다. 또한 방재훈련 및 자위소방 등에 의한 철저한 방재관리와 더불어 자동화재탐지설비, 스프링클러설비 등 소화설비의 대책은 화재의 확대를 방지하기 위하여 중요하다. 그러나 소화설비의 미작동, 관리오류 등의 신뢰성을 고려하면 이러한 대책에 기대하는 것보다 훼일세이프(fail-safe)의 방안으로 화재안전설계를 고려할 필요가 있다.

상기 유의사항에 대하여, 각 화재훼이즈에 따라 검토할 사항을 정리한 것이 그림 1.3.4 이다.

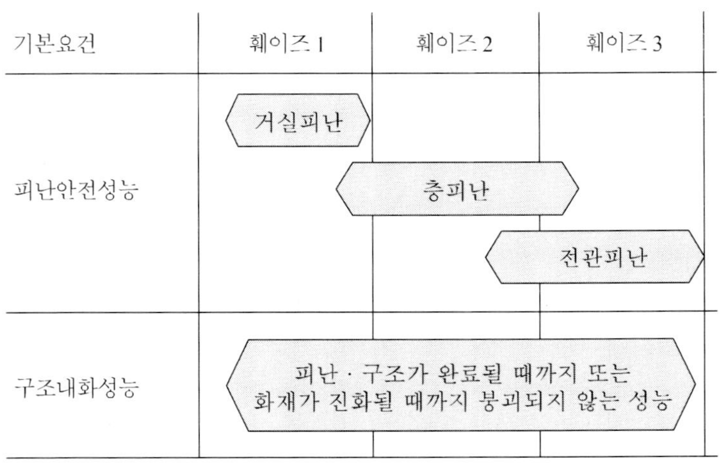

그림 1.3.4 화재훼이즈별 검토하여야 할 사항

(2) 화재하중과 설계화재성상

건축물의 화재안전설계 시 국소화재 및 이동화재는 가연물조건 및 구획조건과 관계한다. 국소화재 및 이동화재를 계획하는 경우, 우선 가연물조건을 정리한다. 이 지침에서는 가연물조건은 가연물의 형상, 재질 및 배치상황을 정리하고 공간용도를 고려하여 해당하는 공간용도의 가연물조사결과에 따라 결정한다. 건축물 내의 가연물은 고정가연물과 적재가연물로 분류되고 적재가연물이란 공간용도에 따라 배치되는 가구 등의 가연물, 고정가연물이란 것은 건축물의 일부가 되는 내장재료 등의 건축재료 등을 말한다. 또한 본 지침에서는 화재하중을 화재구획 내의 출화로부터 진화에 이르기까지 연소에 기여하는 가연물, 발열속도는 가연물이 연소하면서 단위시간당 방출하는 열량, 가연물표면적이란 주변의 환경에 폭로되어 있는 가연물표면의 부분의 면적을 말하고 가연물조건으로부터 산정한다.

화재성상을 예측하기 위해서는 정리한 가연물조건으로부터 가연물단독체의 연소성상을 예측한다. 다음으로 가연물의 배치 및 구획조건으로부터 가연물간의 연소확대를 예측하는 것이다. 더 나아가 가연물조건과 구획조건의 관계로부터 플래시오버의 발생 유무를 판단하고, 플래시오버가 발생하는 것으로 판단되면 화재구획 내 전체 가연물이 연소하는 구획 내 전체화재를 고려할 필요가 있다. 또한 플래시오버가 발생하지 않는 경우에도, 화재구획 내의 온도상승이 지속되면 화재구획 내 전체의 가연물이 연소하는 구획 내 전체화재를 고려하여야 한다. 여기서 플래시오버란 국소화재, 이동화재에서 구획 내 전체화재 또는 연료지배형에서 환기지배형의 화재로 가연물의 연소가 급격하게 변화하는 천이상태를 말한다.

본 지침에서는 건축물의 화재안전성의 기본요건에 대한 적합성 검토 시, 화재훼이즈에 따라 설정・산정하는 화재구획 내의 진전하는 국소화재 또는 이동화재시에 대한 가연물의 발열속도, 화염형상(높이, 폭), 화재플륨형상, 연기층온도, 화염으로부터 복사열, 연기층으로부터 복사열, 또한 구획 내 전체화재시의 화재구획 내 온도, 개구분출 열기류의 온도 및 그 화염형상 등을 설계화재성상으로 정의한다.

(a) 국소화재 및 이동화재

전술한 바와 같이 일반적으로 건축공간에서 화재가 발생하면 출화된 가연물이 단독체로 연소되는 국소화재로부터 그 화재는 진전된다. 비교적 가연물이 적은 공간에서는 플래시오버가 발생하지 않고 국소화재인 채로 진화에 이르는 경우가 있다. 한편 가연물이 연소확대되는 거리에 연속적으로 배치되어 연소하고 있는 가연물이 완전히 연소되기 이전에 다른 가연물로 연소확대되는 경우는, 연소하고 있는 가연물의 범위가 바뀌면서 화재가 지속되는 이동화재가 된다. 이동화재는 의자와 책상 등이 일체로 되어 복수의 가연물이 동시에 연소하는 화재 및 가연물이 연소하는 거리에서 연속적으로 배치됨으로써 가연물이 완전히 연소되기 이전에 인접하는 가연물로 연소확대되는 것을 반복하면서 이동하는 화재로 나눌 수 있다.

훼이즈 1~2의 국소화재 및 이동화재에서는 의자 및 책상과 같은 물품의 단독체의 연소를 상정하고 물품의 재질, 가연물의 대표길이, 표면적으로부터 화재성상을 예측한다. 물품단체의 재질 및 형상 등은 다양하고, 설계단계에서 사용하는 물품이 결정되어 있지 않은 경우, 다양한 가연물의 연소실험데이터를 사용하여 가연물의 발열속도를 추정하게 된다.

한편, 국소화재에서는 전술한 가연물조건에 지배되는 연료지배형의 국소화재외에 개구부로부터 공급되는 공기량에 지배되는 환기지배형의 국소화재를 고려하여야 한다. 환기지배형에서는 산소와 가연물로부터 발생하는 가연성가스가 연소반응하는 부분에 국소적으로 화염이 형성되는 상태로, 이 상태에서는 반드시 가연물 위쪽으로 화염이 형성되지는 않는다. 예를 들면, 화재구획 내부가 산소결핍상태가 되어 발생하는 고스팅화재 등이 이에 해당한다. 이와 같은 환기지배형의 국소화재 또는 이동화재의 화재성상은 아직 미흡한 부분이 많기 때문에 본 지침에서는 이와 같은 연소상태는 편의적으로 구획 내 전체화재로 간주한다.

(b) 구획 내 전체화재

구획 내 전체화재는 화재구역 내의 가연물 전체가 일제히 연소하면서 지속되는 화재로, 연료지배형 및 환기지배형화재가 있다. 화재구획 내 전체화재가 화염이나 고온의 가스층에 둘러싸여 개구부에서 화재구획 밖으로 화염이 분출될 수도 있다. 구획 내 전체화재가 될 경우 화재하중으로부터 화재구획 내 전체 가연물이 연소하면서 발생하는 발열량을 산정한다. 본 지침에서 발열량은 가연물이 연소하면서 방출하는 열의 총량을 말한다. 가연물 조건 및 구획조건으로부터 화재구획 내 연소에 의한 발열량과 구조체로의 실열량 및 개구로 나가는 실열량 등을 산정하여 구획 내의 열수지를 계산함으로써 화재구획 내의 온도와 화재지속시간을 예측할 수 있다.

공간의 용도에 따라 배치되는 가연물의 양이 다양하기 때문에 가연물조건은 상이하다. 따라서 공간의 용도별로 배치되는 가연물의 특징을 파악하기 위한 조사가 필요하게 된다. 가연물조사 결과를 체계화하기 위해서는 가연물조사의 표준적인 방법 및 기왕의 조사가 결과를 정리할 필요가 있다. 본 지침 부록 A에서 가연물조사를 위한 표준방법을 설명하고 있다.

1.4 기본사항

본 지침(안)은 화재하중 및 설계화재성상에 관하여 다음과 같이 4장으로 구성되어 있으며 설정과 산정하는 방법을 제공한다.

- 화재하중(제2장)
- 국소화재 및 이동화재(제3장)
- 구획 내 전체화재(제4장)
- 화재구획 내 연소확대(제5장)

– 해설 –

이 지침에서는 기존지식을 집계하여 정리하고, 가연물의 실태조사, 연소실험 등을 행하여 설계화재성상의 산정에 사용하는 계산방법을 제시하고 있다.

제2장은 국소화재, 이동화재 및 구획 내 전체화재의 설계화재성상 산정을 위한 필요한 화재하중에 관하여 그 설정방법을 서술하고 있다.

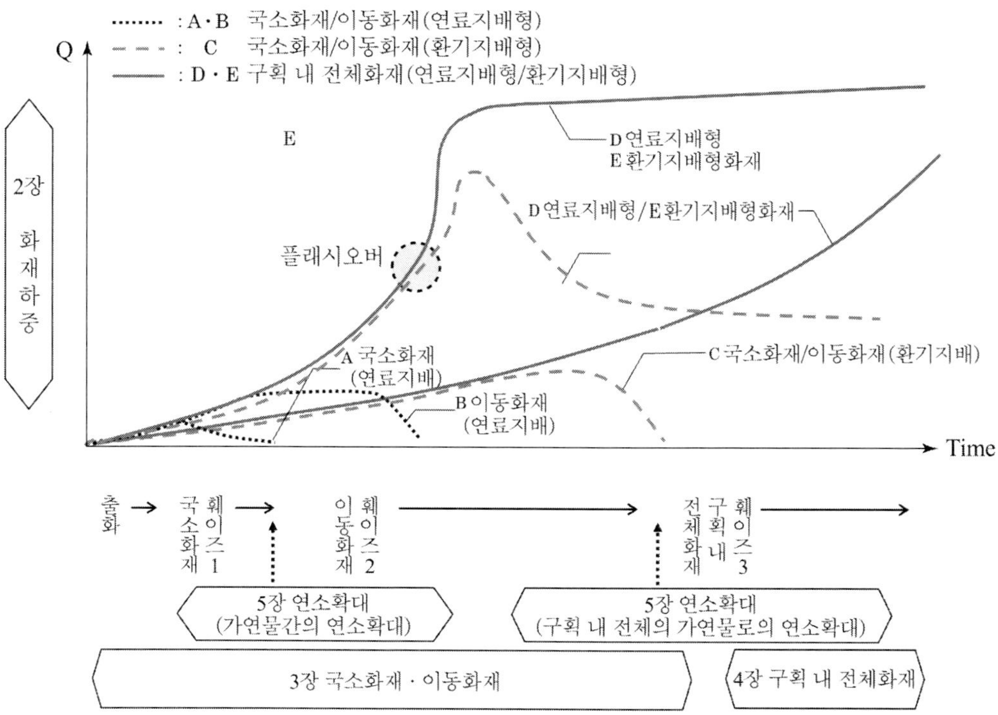

그림 1.4.1 화재훼이즈와 각장 구성의 관계

제3장은 국소화재 및 이동화재, 제4장에서는 구획 내 전체화재에 관한 가연물의 설정조건 및 설계화재성상의 산정방법에 대하여 서술하고 있다.

제5장은 화재구획 내의 가연물간의 연소 국소화재 및 이동화재로부터 구획 내 전체 가연물로의 연소확대를 예측하는 산정방법에 대하여 나타내고 있다.

(1) 가연물조건 및 구획조건과 화재성상의 관계

제3장 이후에서 화재성상예측의 산정방법을 설명하지만, 여기에서는 그 예비지식으로서 가연물조건이나 구획조건과 화재성상의 관계에 대해 서술한다.

(a) 국소화재 및 이동화재(훼이즈 1~2)

그림 1.4.2는 가연물의 재질과 연소용이도와의 관계를 나타낸 것이다. 목질계와 고분자계의 종류에 따라 발열속도는 상이하다. 예를 들면, 목질계의 의자 및 책상에 비교하여 고분자계의 소파는 발열속도가 크다. 일반적으로 연소하는 가연물의 크기가 동일하면 발열속도가 클수록 화재플룸량이 증가하여 연기층의 하강도 빠르기 때문에 조기에 피난자가 연기에 노출될 위험성이 증가한다. 또한 가연물의 연소가 빠르고, 발열속도가 급속히 크게 되면 인접 가연물로의 연소확대되는 시간도 빠르게 되어 연쇄적으로 주변의 가연물에 착화하고 동시에 연소하고 있는 가연물의 발열속도가 가속도적으로 크게 될 가능성이 높다.

그림 1.4.3은 가연물형상과 화염높이를 나타나고 있다. 가연물의 형상이 평면적인 것과 입체적인 것에는 연소하는 면적이 다르기 때문에 화염의 높이에 영향을 미친다. 또한 평면적인 것에서도 원형 및 정방형에 가까운 것과 선형에 가까운 것에서는 화염의 높이가 상이하게 된다. 입체적인 것은 그 착화위치에 따라 연소성상이 다르고 화염높이가 달라진다.

그림 1.4.4는 가연물배치와 화염높이의 관계를 나타내고 있다. 가연물배치가 공간의 중앙(주변에 벽이 없는 상황, 자유공간), 벽체, 우각부(모퉁이 부분)에서는 화재높이가 상이하다. 일반적으로는 중앙에 비하여 벽체의 경우가 화염이 높고, 더 나아가 우각부(모퉁이 부분)의 경우가 화염이 높아진다. 이러한 경향은 화재플룸에 연행되는 공기량의 제한과 벽체로부터의 복사에 따른 가연물의 열분해속도가 관계하고 있다.

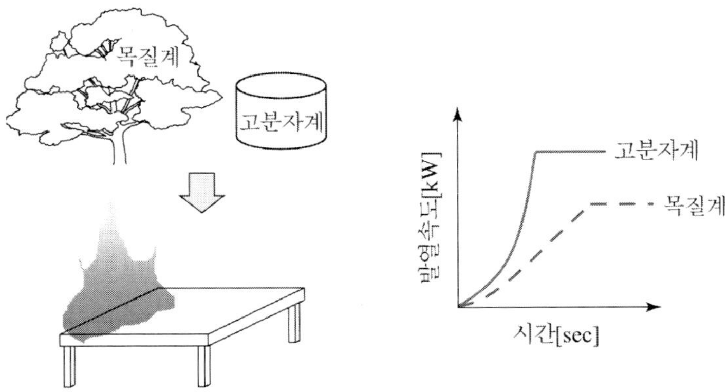

그림 1.4.2 재질과 연소용이도와의 관계

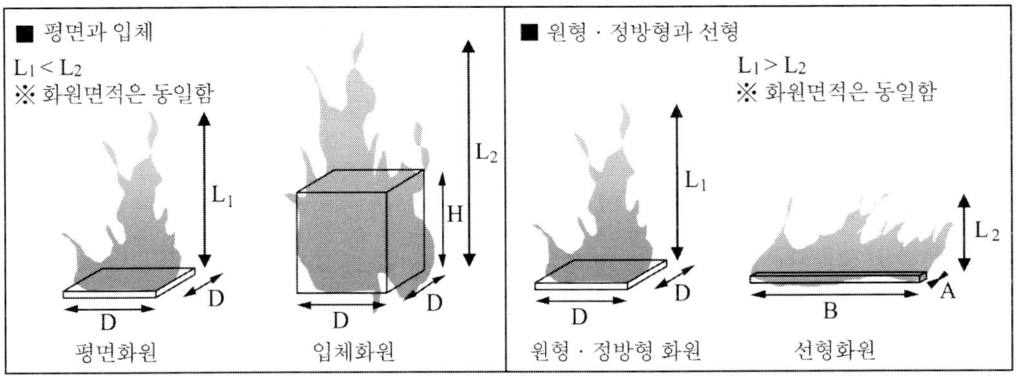

그림 1.4.3 가연물형상과 화염높이의 관계

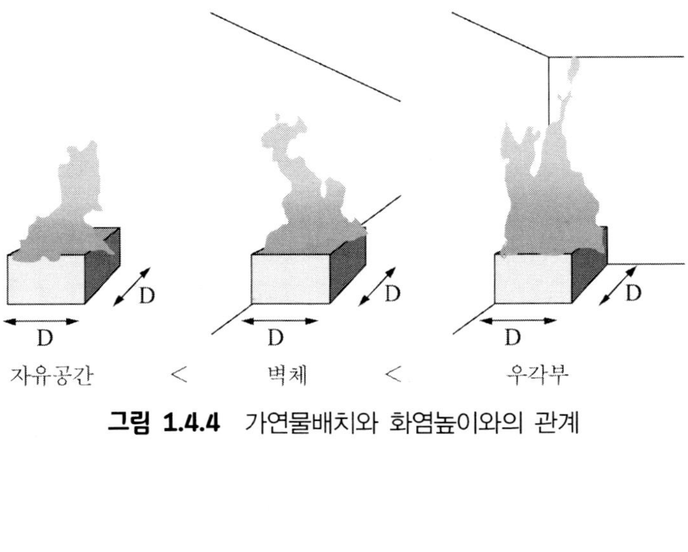

그림 1.4.4 가연물배치와 화염높이와의 관계

그림 1.4.5는 천장높이와 화염의 관계를 나타내주고 있다. 천장이 낮은 경우, 화염이 천장면에 접하게 되고, 천장내장에 착화되어 화염의 확대됨으로써 화재는 급속히 확대될 가능성이 매우 크게 된다.

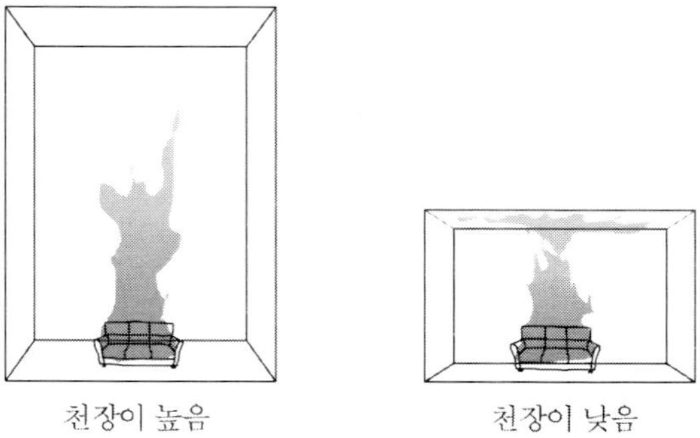

그림 1.4.5 천장높이와 화염의 관계

그림 1.4.6은 화염으로부터 위치와 온도의 관계를 나타내고 있다. 가연물이 연소된 경우, 그 가연물의 위쪽으로 형성되는 화염 및 열기류를 화재플륨이라고 한다. 화원의 기저부에 가까울수록 화염으로부터의 열의 영향을 받기 때문에 고온으로 되고, 위쪽으로 갈수록 저온으로 된다. 또한 화염축상으로 가까울수록 고온으로 되고, 축상으로부터 떨어질수록 저온으로 된다.

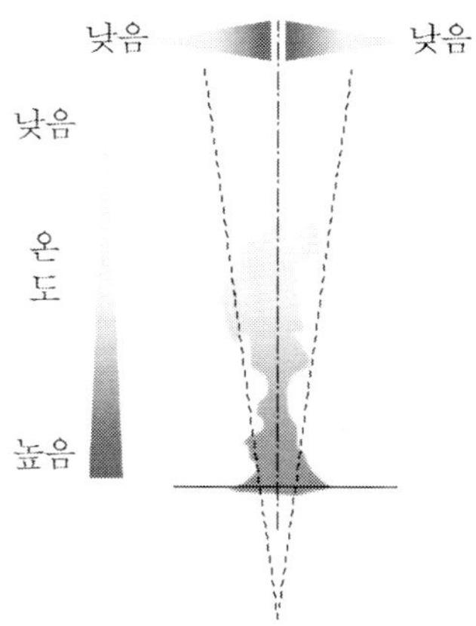

그림 1.4.6 화염으로부터의 위치와 온도의 관계

그림 1.4.7은 천장높이와 연기의 하강속도의 관계를 나타낸 것이다. 공간의 천장이 높을수록 화재플륨의 상승에 따라 연행량이 증가되어 연기하강속도 또한 빠르게 된다.

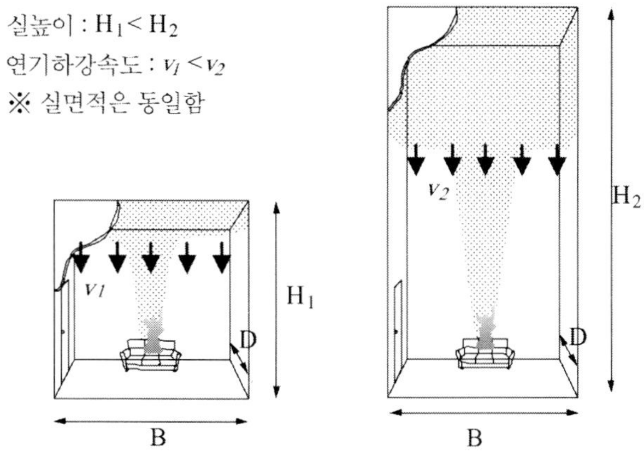

그림 1.4.7 천장높이와 연기의 하강속도와의 관계

그림 1.4.8에 천장높이와 배연방식의 관계를 나타낸다. 천장이 낮고 밀폐성이 높은 공간은 기계배연방식이 유효하다. 한편 천장이 높은 공간은 높이방향의 압력차분포가 크기 때문에 자연배연방식이 효과적이다. 예를 들면, 사무실, 회의실 등 일반적인 거실공간에서는 천장이 높지 않고, 밀폐성도 높다. 또한 반드시 외벽에 면하고 있지 않은 경우도 있어서 기계배연방식이 유효한 것이 많다. 단, 기계배연설비는 연기층온도가 과도하게 상승하면 연소확대방지를 위한 댐퍼의 폐쇄 및 배연팬이 타버리는 등 배연이 정지될 수도 있기 때문에 피난에 요하는 시간이 긴 경우에는 주의가 필요하다. 한편 출입구 및 아트리움 등의 공공성이 높은 공간은 천장이 높고, 상시 사람들의 왕래가 많기 때문에 밀폐성도 낮다. 또한 개구부를 설치하기 쉬워 자연배연방식을 적용하는 사례가 많다. 자연배연방식은 한 번 배연구가 개방되면 계속적

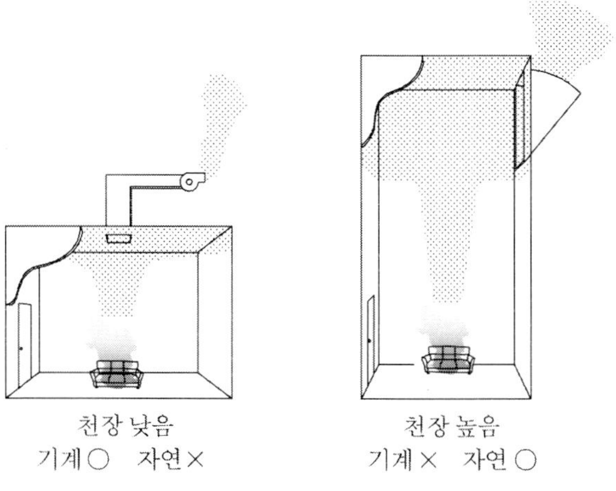

그림 1.4.8 천장높이와 배연방식의 관계

으로 연기를 배출할 수 있는 매우 유효한 배연설비이나 공간하부에 급기경로를 확보하지 않으면 그 효력은 충분하게 발휘할 수 없어 주의가 필요하다.

그림 1.4.9는 내장재와 연소확대와의 관계를 나타내고 있다. 연소되기 어려운 내장재라면 화재초기의 연소확대를 억제할 수 있다. 반면 타기 쉬운 내장재의 경우에는 화염이 벽과 천장의 내장표면을 전파하기 쉽게 된다. 특히 화염은 상부방향으로 확대되기 때문에 바로 천장면으로 화염이 확대될 위험도 있다. 연소범위가 확대되면 다른 가연물로의 연소확대위험성도 높아져 공간 전체에 급격하게 연소가 확대되는 플래시오버의 발생 가능성이 높게 된다.

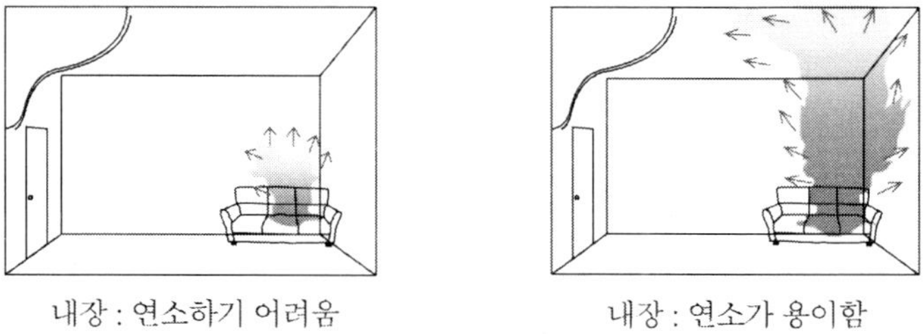

그림 1.4.9 내장재의 종류와 연소확대와의 관계도

(b) 구획 내 전체화재(훼이즈 3)

그림 1.4.10은 가연물량과 화재구획온도의 관계를 나타내고 있다. 화재구획 내 가연물의 밀도는 화재성장에 영향을 미친다. 예를 들면, 가연물이 매우 적은 경우에는 착화된 가연물만 연소되고 진화되는 경우도 있다. 또한 다른 가연물에 연소하기까지 시간이 걸려 화재의 확대가 완만하게 될 가능성이 높고, 화재구획 내의 온도상승은 완만해진다. 반면, 가연물이 밀집하고 산소가 충분한 공간에서는 화재 확대가 빠르고 가연물의 총량이 많으면 연소시간이 길어진다.

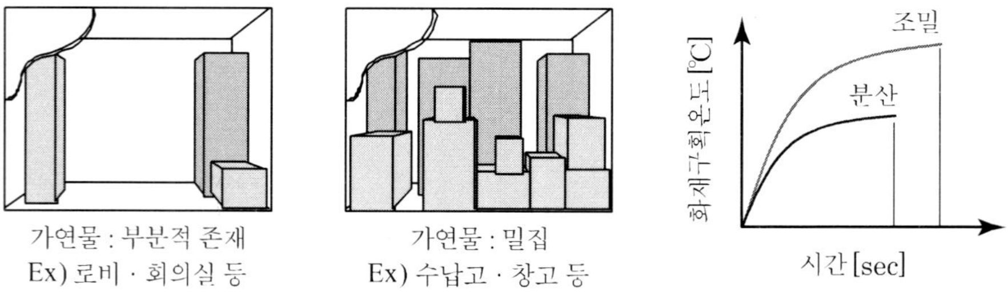

그림 1.4.10 가연물량과 화재구획온도의 관계

그림 1.4.11은 화재구획을 구성하는 재료와 화재구획온도의 관계를 나타내고 있다. 구획부재의 재질에 의하여 화재구획 내의 온도변화가 상이하다. 구획부재 자체가 열을 흡수하기 쉬운 경우(중재료) 또는 금속판과 같이 얇고 외부로 열을 방출하기 쉬운 구획부재의 경우, 화재구획 내의 온도상승은 완만하게 되는 것이 많다. 한편 보드계의 단열성이 높은 구획부재는 열을 흡수하기 어렵기 때문에 화재구획 내의 온도는 상승하기 쉽다.

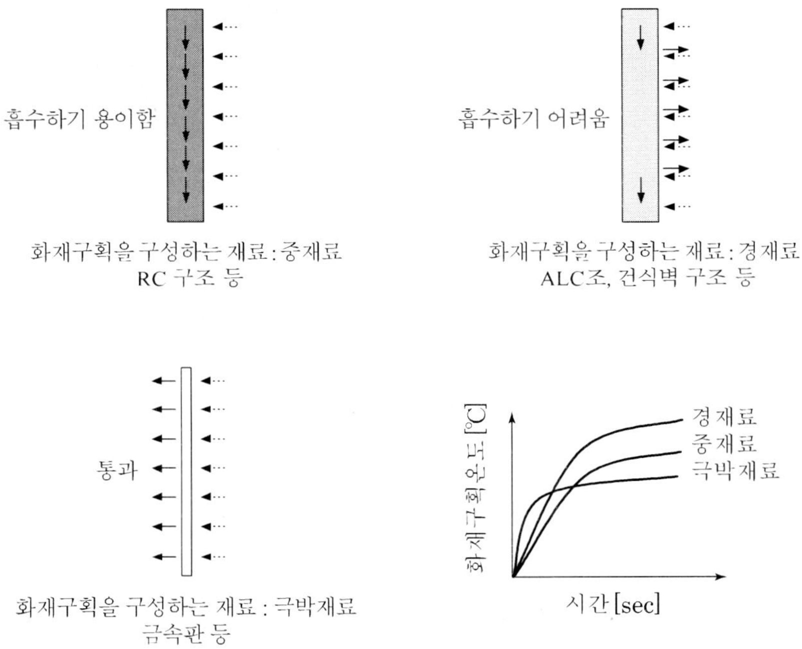

그림 1.4.11 화재구획을 구성하는 재료와 화재구획온도의 관계

그림 1.4.12는 개구조건과 화재구획온도의 관계를 나타내주고 있다. 개구가 적으면 화재구획 내의 가연물 연소는 급기량에 의지하여 제한되기 때문에 완만하게 장시간 연소된다. 한편 개구가 크면 연소에 사용되는 공기가 충분하게 급기되고 화재구획 내 가연물의 연소가 촉진

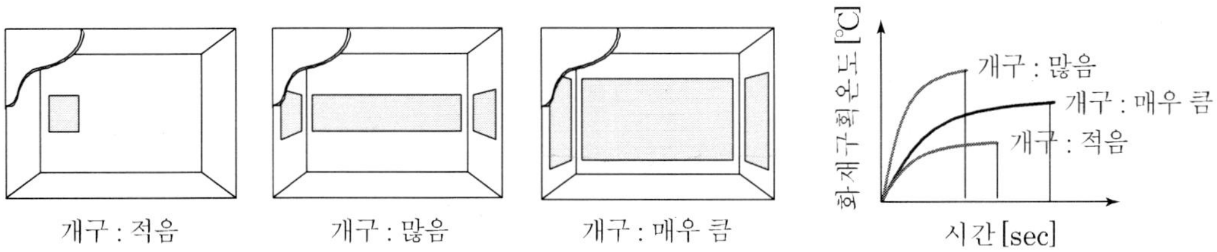

그림 1.4.12 개구조건과 화재구획온도의 관계

되어 단시간에 화재구획온도가 상승한다. 개구가 매우 크면 자유공간중의 연소에 가깝게 되어 화재구획 내의 온도는 외기에 빼앗기기 때문에 저하된다.

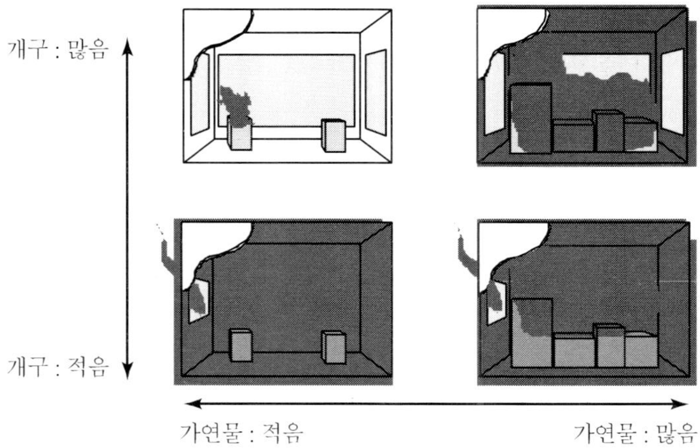

그림 1.4.13 개구형상과 가연물의 관계

그림 1.4.13은 개구조건과 가연물조건의 관계로부터 화재성상의 이미지를 나타내고 있다. 화재구획 내의 연소성상은 크게 나누어 연료지배형과 환기지배형으로 분류되어 개구조건 및 가연물조건에 의하여 결정된다. 가연물이 많고 개구가 큰 구획에서는 충분한 환기량이 확보되기 때문에 연소반응은 구획에 있는 가연물조건에 의존한다. 한편 가연물이 많고 개구가 적은 경우, 산소량에 의존한다. 가연물이 극히 적고, 개구가 큰 공간에서는 충분한 산소량이 확보되기 때문에 연소반응은 구획에 있는 가연물 조건에 의존하지만 배치상태에 따라서는 모든 가연물이 연소되지 않는 것도 있다. 한편, 가연물이 극히 적고 개구가 적은 경우에는 산소 및 가연물이 적기 때문에 부분적 연소반응이 일어날 수도 있다.

(2) 화재성상과 성능검증

피난안전성능을 검증하는 경우, 주로 화재초기에서 연기발생량과 피난시간과의 비교로 평가하고 구조내화성능을 비교하는 경우는 화재가 지속하는 시간과 부재가 화재에 견디는 시간과의 비교에 의하여 확인하는 것이 일반적이다. 건축물의 설계조건에 따라 별도검증을 추가할 필요도 있다. 예를 들면, 피난경로가 열의 영향을 받고 설치가연물이 매우 적게 한정되는 경우, 화염 등으로부터 복사의 영향을 별도로 검증하는 사례도 있다.

그림 1.4.14와 그림 1.4.15는 피난안전성능 및 구조내화성능에 관한 개념도를, 표 1.4.1과 표 1.4.2는 화재성상을 예측하는데 필요한 파라미터와 검토항목과의 관계를 나타내고 있다.

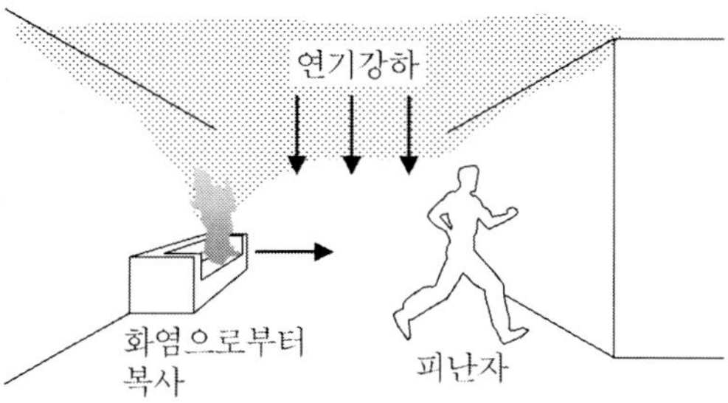

그림 1.4.14 피난개념도

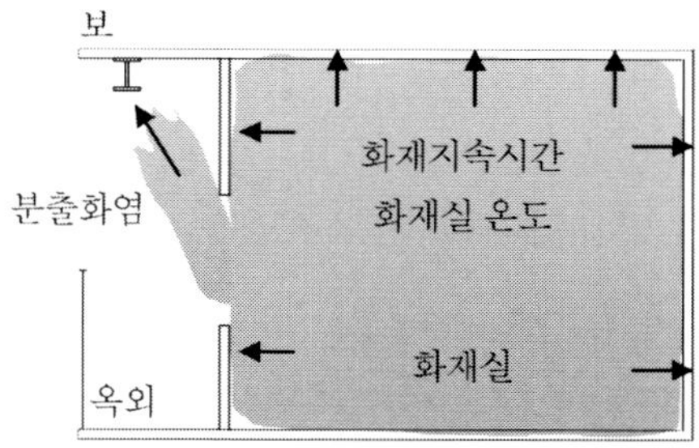

그림 1.4.15 내화개념도

표 1.4.1 검증에 사용되는 검토항목과 파라메타(국소화재 및 이동화재)

검토사항	필요한 파라미터	개요
화염성상 : 훼이즈 1~2		
화염높이	발열속도・가연물 치수	가연물 단독체의 연소성상은 화염의 형상이나 화염직상의 열기류, 화염으로부터 복사 등이 화원주변에 영향을 미친다. 화염성상을 예측함으로써 다른 가연물로의 연소확대의 유무 및 피난자의 안전성, 구조체의 안전성 등을 검토할 수 있다.
화염축상온도	발열속도・가연물 치수・화원면으로부터의 높이	
화염으로부터의 복사	화염높이・가연물치수・화염과 수열점과의 거리	
열기성상 : 훼이즈 1~2		
플륨유량	발열속도・화원면으로부터의 거리, 가연물 치수	연소에 의하여 발생하는 연기는 가시도를 저해하고 유해물질을 포함하기 때문에 피난행동에 영향을 미친다. 또한 고온으로 구조에 영향을 미치고, 더 나아가 연기층의 복사는 바닥면 가연물의 연소를 촉진시킨다. 연기성상을 예측함으로써 피난자의 안전성과 구조체의 안전성 등을 검토할 수 있다. 또한 천장에 충돌하는 열기류를 예측함으로써 연기의 확대성상 및 화재감지기의 작동시간을 검토할 수 있다.
천장제트의 온도・유속	천장높이・발열속도・화원중심으로부터의 거리	
연기층 온도・높이	발열속도・공간형상	
배연설비	배연풍량(설비의 성능)・공간형상	
연기층으로부터의 복사	연기층 높이・연기층 온도・표층과 수열점과의 거리	

검토사항	필요한 파라미터	개요
가연물 연소확대성상 : 훼이즈 2~3		
착화단계	화염높이 · 연기층 온도 · 가연물 종류 · 가연물 배치 · 공간형상	가연물의 연소확대 유무는 화원의 연소성상, 공간의 상황, 가연물의 매치상황 및 비연소물의 종류에 따라 착화시간이 상이하다. 연소확대가 늦게 되면 국소적인 화재로 종료될 가능성도 있다. 또한 내장재의 연소성상은 구획화재성상에 크게 관여한다. 많은 가연물이 단기간에 연소확대되면 F.O가 발생할 위험성이 높게 된다. 가연물의 연소확대성상을 예측하는 것은 어떠한 화재성상의 상태(국소화재 · 이동화재 · 구획 내 전체화재)로 될까를 예측하는 것이다.
이동화재	가연물 배치 · 개개의 가연물의 연소성상	
플래시오버	화재구획의 개구조건 · 구조체의 종류 · 화재구획형상	

표 1.4.2 검증에 이용되는 검토항목과 기준(구획 내 전체화재)		
검토항목	필요한 파라미터 *	개요
화재구획성상 … 훼이즈 3		
화재지속시간	발열속도 · 총가연물량	구획 내 전체화재로 진전되면 구획 내에서 고온의 상태가 장시간 지속된다. 화재시간의 길이 및 화재구획 내의 온도는 부재 내부의 온도상승에 영향을 미치고, 부재의 온도가 고온으로 되면 내력이 저하된다. 구획 내 전체화재성상의 산정결과는 구조체의 내화성의 기본요건에 대한 적합의 검토에 사용할 수 있다.
화재온도 상승계수	발열속도 · 화재구획의 개구조건 · 구조체의 종류 · 화재구획형상	
화재구획 내 온도(℃)	화재지속시간 · 화재온도 상승계수	
개구분출화염성상 … 훼이즈 3		
분출열기류 축상온도 및 화염형상	화재구획성상 · 화재구획의 개구조건 · 개구상단의 형상(벽의 유무 · 발코니의 유무) · 개구상단으로부터의 높이	환기지배형의 구획 내 전체화재로 되면 개구부로부터 화염이 분출한다. 외벽에 면한 개구부로부터 분출한 화염이 상단개구부에 도달하면 상층부에 연소확대 될 위험성이 높아진다. 또한 개구부 주변에 구조부재(예 : 발코니, 지붕구조) 등이 있는 경우, 개구부로부터 분출한 화염의 영향을 받는다. 분출화염성상의 산정결과는 상층연소위험성의 검토 및 구조체의 내화성의 기본요건에 대한 적합성의 검토에 사용할 수 있다.

* 검토항목의 필요한 파라미터에 관해서는 대표적인 것을 명기하고 있음.

1.5 기호

~2장 : 국소화재 및 이동화재	
【영자기호 (대문자)】	
A_{fuel}	: 실내의 가연물 표면적[m^2]
A_m	: 재료의 설치면적[m^2]
A_{room}	: 실의 바닥면적[m^2]
ΔH_i	: 재료 i의 단위발열량(재료의 단위중량당 발열량)[MJ/kg]
G_i	: 재료 i의 중량[kg]
V_i	: 재료 i의 체적[m^3]
W	: 공간 내의 가연물의 총발열량[MJ]
$W_{fitting}$	: 설비기기 등의 발열량[MJ]
W_{fix}	: 공간 내의 고정가연물의 총발열량[MJ]
W_{lining}	: 실의 마감재의 발열량[MJ]
W_{load}	: 공간 내의 적재가연물의 총 발열량[MJ]
W_{misc}	: 가구 등의 발열량[MJ]
【영자기호 (소문자)】	
d_m	: 재료의 두께[mm]
Δh_m	: 재료의 설치면적 1 m^2당, 두께 1 mm당 발열량[MJ/m^2mm]
w_{lingig}	: 내장재료 및 구획벽의 발열량을 바닥면적으로 나눈 값[MJ/m^2]
w_{load}	: 실의 바닥면적당의 적재가연물의 발열량 밀도[MJ/m^2]
【그리스 문자기호】	
ρ_i	: 재료 i의 밀도[kg/m^3]
ϕ	: 표면적계수[m^2/MJ]

3장 : 국소화재 및 이동화재

【영자기호 (대문자)】

A : 화염의 표면적[m^2] 화원의 단변길이[m], 개구면적[m^2]

A_d : 개구면적[m^2]

A_e : 배연구면적[m^2]

A_f : 가연물표면적[m^2], 체적표면적[m^2]

A_r : 공간의 수평단면적[m^2]

A_T : 연기층에 노출되는 부분(천장, 벽)의 유효 전열면적[m^2]

B : 화원의 장변길이[m]

B_d : 개구의 폭[m]

D : 대표길이(화원의 폭, 직경)[m], 직경(화원대표길이)[m]

E : 복사발산도[kW/m^2]

F, F_s : 형태계수[－]

H : 개구높이[m], 천장의 높이[m], 화원의 높이[m]

H_e : 자연배연구의 높이[m]

H_l : 개구의 하단높이[m]

H_r : 천장높이[m]

H_u : 개구 상단높이[m]

L : 화염의 높이[m]

L_c : 연속화염높이[m]

L_i : 간헐화염높이[m]

L_m : 평균화염높이[m]

ΔP : 실내외 차압[Pa]

Q : 발열속도[kW]

Q_l : 화원의 단위길이 당 발열속도[kW/m]

Q_{max} : 최대발열속도[kW]

Q_0 : 정상화원($n=0$)에서의 발열속도[kW] t^2화원($n=2$)에서의 화재성장율

Q^* : 무차원발열속도[－]

Q_{DH}^{*} : 무차원발열속도[−]

Q_{l}^{*} : 무차원발열속도[−]

Q_{z}^{*} : 무차원발열속도[−]

Q_{mod}^{*} : 무차원발열속도[−]

R_c : 연속전염길이[m]

R_i : 간헐전염길이[m]

R_L : 전염길이[m]

R_m : 평균전염길이[m]

T : 온도[K]

T_i : 복사면온도[K]

T_{pa} : 화재플륨의 평균온도[K]

T_s : 연기층온도[K]

$T_{surface}$: 수열면온도[K]

T_0 : 공기온도[K]

ΔT : 상승온도[K]

ΔT_s : 연기층의 상승온도[K]

ΔT_0 : 기류축상의 상승온도[K]

ΔT^* : 무차원온도[−]

THR : 총발열량[MJ]

V : 연기층의 체적[m^3]

V_e : 배연량[m^3/s]

W : 중량[kg]

【영문기호 (소문자)】

b : 높이 z에서 기류의 확산(반치폭)[m]

c : 벽의 비열[kJ/kg・K]

c_p : 정압비열[kJ/kg・K]

g : 중력가속도[m/s^2]

h : 종합열전달율[kW/m^{2}K]

h_k	: 실효열전달율[kW/m²K]
k	: 벽의 열전달율[kW/mK]
m_d	: 공기유입량[kg/s]
m_e	: 배연량[kg/s]
m_p	: 화재플륨의 유량[kg/s]
m_s	: 개구유량[kg/s], 연기유출량[kg/s]
n	: 실험정수[－]
Δp	: 압력차[Pa]
q_{in}, q''	: 복사열유속[kW/m²]
r	: 수평거리[m], 화염중심으로부터 이격거리[m]
t	: 시간[s], 연기하강시간[s]
t_{decay}	: 감쇄종료시간[s]
t_{grow}	: 성장종료시간[s]
$t_{\max}$	: 정상연소종료시간[s]
w	: 화재플륨의 유속[m/s]
w_0	: 높이 z에서 중심축상의 유속[m/s]
w^*	: 무차원유속[－]
z	: 화원면으로부터의 높이[m], 연기층과 공기층의 경계높이[m], 높이[m], 연기층의 두께[m]
z_0, Δz	: 가상점열원의 위치[m]
z^*	: 무차원높이[－]

【그리스 문자기호】

α	: 화재성장율[kW/s²], 유량계수[－]
α_d	: 화재감쇄율[kW/s²]
γ	: 실험정수[－]
δ	: 벽두께[m]
ϵ	: 화염의 복사율[－], 연기층의 복사율[－]
θ	: 평면각[rad], 화연의 중심에 대한 수열면의 경사도[rad]
ρ	: 화재플륨의 밀도[kg/m³], 벽의 밀도[kg/m³]

ρ_a, ρ_0 : 공기밀도[kg/m^3]

ρ_b : 체적밀도[kg/m^3]

ρ_s : 연기층 밀도[kg/m^3]

$\Delta\rho$: 밀도차[kg/m^3]

σ : 스테판 볼츠만 정수(=5.67×10^{-11}) [kW/m^2K^4]

χ : 화염의 발열량 중 복사성분으로 되는 비율[－]

4장 구획 내 전체화재

【영자기호 (대문자)】

A : 개구면적[m^2]

A_f : 수납가연물의 표면적[m^2]

A_{op} : 개구면적[m^2]

A_T : 화재구획 내의 벽체면적[m^2]

A_r : 화재구획 내의 바닥면적[m^2]

B : 개구폭[m]

G : 고정가연물의 질량[kg]

H : 개구높이[m]

ΔH : 고정가연물의 단위질량당 발열량[MJ/kg]

I_h : 열관성[$kWs^{1/2}/m^2 \cdot K$]

K : 열관류율[$kW/m^2 \cdot K$]

L : 벽체길이[m]

Q : 개구 분출열기류의 열량[W]

Q_E : 개구로부터의 분출열기류가 갖는 열량[kW]

Q_{ex} : 화재구획 내의 미반응된 가연성가스가 연소할 때 발생하는 발열속도[kW]

Q_H : 화재구획 내의 가연물의 연소에 동반하는 연소발열속도[kW]

Q_R : 개구로부터의 복사열량[kW]

Q_T : 화재구획온도상승에 기여하는 단위시간당의 열량[kW]

Q_W : 벽체(벽, 바닥, 천장)로의 실열량[kW]

T_f : 화재구획내온도[K]

T_p	: 가연물의 열분해온도[K]
T_w	: 벽체의 가열면측의 표면온도[K]
T_{wL}	: 벽체의 비가열면측의 표면온도[K]
T_0	: 공기(외기)의 온도[K]
ΔT_0	: 기류중심축상의 상승온도[K]
V	: 구획 체적[m^3]
W	: 가연물의 총발열량[mJ], 화재구획 내의 가연물의 총발열량[mJ]
Z_n	: 중성대의 높이[m]

【영자기호 (소문자)】

c	: 벽체재료의 비열[kJ/kg/K]
c_p	: 정압비열(=1.01) [kJ/kg/K]
f_{op}	: 유효개구면적[m^2]
g	: 중력가속도[m/s^2]
h_c	: 대류열전달율[kW/m^2K]
k	: 벽체재료의 열전달율[kW/m/K]
l	: 가열면으로부터의 길이[m]
m_d	: 개구로부터의 유입공기량[kg/s]
m_f	: 가연물의 열분해에 의한 가연성가스의 생성속도[kg/s], 열분해속도[kg/s]
m_s	: 개구로부터의 고온가스 유출량[kg/s]
n	: 분출면의 어스펙트비(개구폭 B/ 화염의 분출높이 h) [−]
$\Delta P(z)$	: 중성대높이로부터의 압력차[Pa]
q_b	: 연소발열량[MW]
q_c	: 가연물의 연소열[MJ/kg]
q_0	: 고정가연물의 단위 바닥면적당 발열속도[kW/m^2]
q_w	: 목재의 단위면적당 발열속도[kW/m^2]
r_0	: 개구부에서 분출화염면을 원형으로 한 경우의 등가반경[m]
t	: 시간[s]
t_f	: 화재지속시간[min]
Δt	: 시간증분[s]

$v(z)$	: 중성대로부터의 높이 Z[m]에서의 유속[m/s]
w_f	: 수납가연물의 단위바닥면당 발열량 밀도[MJ/m^2]
x	: 벽면으로부터의 수평거리[m]
z	: 개구상단으로부터의 수직거리[m], 개구부의 중성대로부터의 높이[m]
z_n	: 중성대의 높이[m]

【그리스 문자기호】

α	: 개구계수[－]
ϵ_r	: 화재구획 내 가스와 벽체면적 사이의 종합 복사율[－]
Θ	: 무차원온도[－]
ρ	: 벽체재료의 밀도[kg/m^3]
ρ_e	: 화재구획 내 가스의 밀도[kg/m^3]
ρ_f	: 화재구획 내 가스의 밀도(=353/T_f) [kg/m^3]
ρ_0	: 외기밀도[kg/m^3]
$\Delta\rho$	: 기체밀도차[kg/m^3]
σ	: 스테판 볼츠만 상수(=5.67 × 10^{-11}) [kW/m^2/K^4]
δ	: 화재구획 내의 벽체의 두께[m]
Φ	: 수납가연물의 표면적계수[m^2/MJ]
ϕ	: 내장재 등의 고정가연물의 단위표면적당 발열속도비[kW/kW-wood]
χ	: 연소형 지배인자[m$^{1/2}$]
ζ	: 화재구획의 용도에 따라 결정하는 계수[m$^{2/3}$/MJ$^{1/3}$]

5장 화재구획 내의 연소확대

【영자기호 (대문자)】

A_T	: 화재구획 내의 표면적[m^2]
A_0	: 개구면적[m^2]
H_0	: 개구높이[m]
I_{crit}	: 착화판정 조건치[(kW/m^2)^{2}s]
Q_{FO}	: 플래시오버의 발생조건이 되는 발열속도[kW]

【영자기호 (소문자)】

h	: 열손실계수[kW/m^2/K]
k	: 벽체재료의 열전도율[kW/m/K]
q_{ji}	: 화염으로부터의 복사열유속[kW/m^2]
q_{si}	: 연기 층으로부터의 복사열유속[kW/m^2]
q_{ti}	: 미착화의 가연물에 입사하는 복사열유속[kW/m^2]
δ	: 벽체의 두께[m]

참고문헌

1) 建設省総合技術開発プロジェクト 防・耐火性能評価技術の開発, 平成9年度報告書, 日本建築センター, 1998年3月

2) 須川修身, 川越邦雄, 岡泰資, 小鹿原猪一, 高橋郁夫 : ほぼ密閉した区画での模擬火災実験-ゴースティング火災-, 日本建築学会大会学術講演梗概集 (九州), pp.975-976, 1989年10月

3) 高橋済, 須川修身, 川越邦雄, 小鹿原猪一 : 換気が制御された区画内での燃焼挙動-ゴースティング火災-, 日本建築学会大会学術講演梗概集(中国), pp.1077-1078, 1990年10月

4) O. Sugawa, K. Kawagoe, Y. Oka : Burning behavior in poor-ventilation compartment fire-Ghosting fire-, Nuclear Engineering and Design, Vol.125, pp.347-352, 1991年3月

5) 原田和典, 大宮喜文, 竹市尚広, 若松高志, 松山賢, 抱憲誓 : 局所火災に対する耐火設計のためのデータベース, 日本建築学会学術講演梗概集(東海), A-2, pp.229-232, 2003年9月

6) 消防庁編 : 平成24 年度版消防白書, p.51, 2012年12月

7) 東京消防庁監修, 東京防災指導協会 : 防火管理の知識, 2009年4月

8) 掛川秀史, 井上義郎, 倉井克行 : 定期点検データに基づくスプリンクラー設備の作動信頼性の分析, 日本建築学会学術講演梗概集(関東), A-2, pp.29-30, 1997年9月

9) 掛川秀史, 井上義郎 : 定期点検データに基づく屋内消火栓設備・泡消火設備の作動信頼性の分析, 日本建築学会学術講演梗概集(九州), A-2, pp.29-30, 1997年9月

CHAPTER 02

화재하중

> 화재 안전 설계에 사용되는 화재하중은 설계 대상 공간의 현황과 예상되는 화재훼이즈에 따라 적절하게 설정한다. 고려할 화재성상은 극 초기화재, 초기화재, 성기화재의 3가지로 분류한다.

– 해설 –

건축물의 화재안전설계에서는 출화확대방지, 피난안전, 소방활동지원, 연소확대방지 및 구조내화 등의 목적에 따라 대응하는 화재훼이즈가 있다. 각각의 화재훼이즈에서 연소에 기여하는 가연물에 대하여, 공간이 사용되는 현황을 고려하여 추출한 것을 화재하중으로 사용한다. 한편, 가연물의 연소 상태에서 분류하면 건축의 화재안전설계에 관한 것은 극 초기화재, 국소화재(이동화재 포함), 전체화재의 3가지로 분류된다. 표 2.0.1과 같이 화재를 조기에 감지하고 통보 및 초기소화를 고려하는 경우에는 화재 원인이 되기 쉬운 물품과 기구를 추출

표 2.0.1 화재 안전 설계의 목표 및 화재훼이즈와의 관계 [1)]

화재 안전 설계의 목표	화재 단계
출화방지(감지, 통보, 초기소화)	화재 직후의 극 초기화재(훼이즈 0)
피난안전	국소화재～이동화재(훼이즈 1～2)
소방활동 지원(구조 진압) 소방활동 지원(구획 유지)	국소화재～이동화재(훼이즈 1～2) 구획 내에서만 전체화재(훼이즈 4)
연소확대방지	구획 내 전체화재(훼이즈 4)
구조내화	구획 내 전체화재(훼이즈 4)

하고 그것들이 화재 상황을 극 초기화원으로 모델링한다. 출화실 및 그 주변실의 피난 안전을 위한 경우에는 쿠션 가구 등의 이연성 물품(단독체 또는 복수의 가연물로 구성된 가연성 물질 군)의 유염 연소를 고려하는 사례가 많다. 소방대에 의한 구조·소방 활동을 고려하는 경우에는 피난보다 조금 큰 규모의 연소 성상을 고려할 수도 있다. 구조체 및 구획 부재의 내화에 관하여는 공간에서 발생할 수 있는 최대한의 화재를 고려하여야 하기 때문에 플래시오버 후 구획 내 전체화재를 고려하여야 한다.

2.1 출화 직후의 극 초기화재에 사용하는 화재하중의 설정

> 출화 직후의 극 초기화재와 화재하중은 출화의 원인이 되기 쉬운 물품과 기구 등에 대하여 출화 전후의 연소성상을 고려하여 설정한다.

– 해설 –

출화와 초기소화에 대한 화원은 화재 사례 등으로부터 출화 상황을 고려하여 설정한다. 이것은 일상 사용하는 기구로부터의 발화와 평상시 화기 부주의에 따른 출화 등이 포함된다. 예를 들면, 석유난로 전도에 의한 출화, 주방의 조리기구로부터 출화 등을 들 수 있다. 감지기 및 스프링클러 시스템 등의 소화 설비의 설계 및 거주자에 의한 초기소화계획의 수립에 이용된다.

표 2.1.1 주택의 화재 통계에서 추출한 극 초기화재의 화원 설정 예

착화물	착화원
목욕 가마, 가열로, 소각로, 보일러	–
가스버너, 가스히터, 석유스토브, 전기히터, 전기스토브, 라디에이터	배선기구, 배선, 전기기구
라이터, 기계류, 화염, 조명기구, 굴뚝, 고온 고체, 화약, 전기제품	불꽃, 용접, 퓨즈, 기기적 고장, 마찰열, 누전, 자연발화
담배, 재떨이	–

극 초기화재의 화원에 대하여 통일적으로 제안된 것은 아직 없으나 주택에 관해서는 화재 통계의 착화원과 일차 착화물과의 조합에서 건수가 많은 것을 추출해 표 2.1.1과 같이 화원으로 정리한 예가 있다.

2.2 국소화재 및 이동화재에 사용하는 화재하중의 설정

> 국소화재 및 이동화재 산정에 사용하는 화재하중은 공간에서의 가연물 중에서 유염연소의 확대 속도와 연소 범위의 양자를 고려하여 적절하게 설정한다.

– 해설 –

출화실로부터 피난 안전에서는 건물 이용자가 화재를 인식한 후 안전한 장소로 이동할 때까지 화재의 영향이 어디까지 확대될 것인가가 문제가 된다. 따라서 화재 안전 설계에서는 착화 후 성장이 빠르고 연소 규모 자체가 큰 인화성 물질을 화원으로 상정하는 경우가 많다. 구체적으로는 쿠션 등의 연질 플라스틱으로 구성되고 치수가 큰 물건을 화원으로 선정하는 경우가 많으며, 3인용 소파가 그 전형적인 예이다.

피난에 시간이 걸리는 큰 실과 비출화실에서의 피난은 출화된 가연성 가연물로부터 주변의 가연물에 연소확대가 피난 중에 일어나는 것도 고려해야 한다. 이러한 경우에는 출화된 가연물과 그 주변의 가연물(여러 가연물로 구성된 것으로 이하 가연물류라 칭함)을 화원으로 한다. 예를 들면, 소파와 테이블 응접세트가 그 예이다.

표 2.2.1 피난 설계용 화원 예(국소화재 및 이동화재)

객실용도	화원	문헌
사무실(사무공간)	책상 단위(4개)	2
물건 판매 점포	의류매장(전시물)	3
물건 판매 점포	상품진열	4
역사(중앙광장, 플랫폼)	게시판, 벤치, 소파, 사물함, 화분, 휴지통	5, 6

국소화재 및 이동화재에 사용되는 화원의 예를 표 2.2.1에 나타낸다. 사무실의 집무 공간에서 기존 사무실의 집무 공간의 전형적인 책상 배치 패턴을 추출하여 연소 성상을 모델화하고 있다. 판매 시설에서는 의류 매장을 대상으로 하여 실험이 이루어지고 있다. 소방대에 의한 구조 활동과 화재 진압 활동은 일반적으로 피난이 끝난 단계에서 행해진다. 이때의 연소는 하나의 가연물에 그치지 않고 여러 가연물의 연소를 상정하는 경우도 고려하여야 한다.

국소화재 및 이동화재의 연소 성상에 대한 계산법은 3장에서 설명한다.

2.3 구획 내 전체화재에 사용하는 화재하중 설정

> 구획 내 전체화재의 산정에 사용되는 화재하중은 실 사용상황에 따라 실내가연물 중 연소에 기여하는 것을 모두 고려하여 설정한다.

– 해설 –

내화설계 및 구획유지 등의 검토를 위하여 구획 내의 전체화재를 계획할 경우 대상 공간의 화재하중(적재물 및 내장재료 등의 가연성 물품의 총발열량)을 파악할 필요가 있다. 공간 내의 가연물은 고정가연물과 적재가연물로 구별된다. 고정가연물은 벽・천장・바닥 등의 실내에 접하는 마감재 및 바탕재, 가연성 칸막이벽이나 가구 등이 포함된다. 적재가연물은 건물 준공 후 이용자에 의해 반입되는 것이며 가구, 서류, 의류 등의 물품이 포함된다.

공간 내 가연물의 발열량은 다음 식으로 나타낸다.

$$W = W_{load} + W_{fix} \tag{2.3.1}$$

여기서, W : 공간 내의 가연물의 총발열량[MJ]

W_{load} : 공간의 적재가연물의 총발열량[MJ]

W_{fix} : 공간의 고정가연물의 총발열량[MJ]

(1) 고정가연물

고정가연물에는 실의 마감재, 붙박이 기기류, 붙박이 가구 등이 포함된다.

$$W_{fix} = W_{lining} + W_{fitting} + W_{misc} \tag{2.3.2}$$

여기서, W_{lining} : 객실의 마감재의 발열량[MJ]

$W_{fitting}$: 설비 기기 등의 발열량[MJ]

W_{misc} : 붙박이 가구 등의 발열량[MJ]

이들은 설계도서의 정보로부터 수량을 계산하여 구하는 것이 원칙이다.
또한 총화 기호는 모든 재료에 대한 합을 취하는 것을 의미한다.

$$W_{fix} = \sum_i \Delta H_i \cdot G_i = \sum_i \Delta H_i \cdot \rho \cdot V_i \tag{2.3.3}$$

여기서, ΔH_i : 재료 i의 단위 발열량(재료의 단위 질량 당 발열량)[MJ/kg]

G_i : 재료 i의 질량[kg]

ρ_i : 재료 i의 밀도[kg/m^3]

V_i : 재료 i의 부피[m^3]

표 2.3.1에 기존 핸드북 등으로부터 자료를 대별하여 밀도와 단위 발열량의 평균적인 값을 구한 결과를 나타낸다. 자료의 소재를 알 수 없는 경우에는 표 2.3.1값을 사용한다. 상세하게 계산하는 경우는 부록 B에 나타내는 소재별 수치를 사용한다.

표 2.3.1 주요 소재의 밀도와 단위 중량 당 발열량(상세사항은 부록 B 참조)

재료명	단위 중량 당 발열량 ΔH [MJ/kg]
셀룰로오스계 재료	17.5
목재	18.3
연질 플라스틱	36.1
경질 플라스틱	27.7
천	19.6

표 2.3.2 내장용 건축 자재의 발열량 [7]		
방화재료의 구분	설치 면적 당, 두께 당 발열량 Δh_m [MJ/(m² · mm)]	설치 면적당 발열속도 q_0 [kW/m²]
불연재료	0.8	13
준불연재료	1.6	26
난연재료	3.2	52
목재 기타재료 *	8.0	130

* 부록 B를 참조하여 실제로 사용되는 수치를 사용하는 것이 요망된다.

내장용 건축재료에 관하여는 방화재료의 구분(불연, 준 불연, 난연)에 따라 두께 1 mm당 발열량이 고시[7]로 정해져 있으며, 표 2.3.2의 값을 사용할 수 있다.

$$W_{lining} = \sum_i \Delta h_{m,i} d_{m,i} A_{m,i} \tag{2.3.4}$$

여기서, Δh_m : 재료의 설치 면적 1 m² 당, 두께 1 mm당 발열량[MJ/(m² · mm)]

d_m : 재료의 두께[mm]

A_m : 재료의 설치 면적[m²]

또한 「목재 기타재료」는 방화 재료의 구분에 적합하지 않다. 고시의 수치는 목재를 고려하고 있지만, 부록 B를 참조하여 실제로 사용하는 재료에 따른 수치를 사용하는 것이 요망된다.

또한 공동 주택의 각 세대에 대해서는 고정가연물의 조사에 따라 표 2.3.3의 수치가 보고되고 있다. 개략적으로는 이 수치를 사용할 수 있다.

$$W_{lining} = \sum_i w_{lining,i} A_{room} \tag{2.3.5}$$

여기서, w_{lining} : 내장재료 및 칸막이벽의 발열량을 바닥면적으로 나눈 값[MJ/m²]

A_{room} : 실의 바닥면적[m²]

표 2.3.3 내장재 및 칸막이벽의 발열량의 조사 예[7,8)]

건물 용도	객실 용도	부위	구법 등	부위 별 고정 가연물 밀도 [MJ/m²] 평균	표준편차	건수	출처
공동주택	주거시설	바닥	RC 구조체 + 바닥재	109	2.4	6	8
			바닥구법 LL45 + 바닥재	315	12.5	-	
			바닥구법 LL45LH50 + 바닥재	385	19.1	27	
		천장	RC구조물 + 비닐 크로스	3.6	0.09	6	
			석고보드 + 비닐 크로스	16.7	0.16		
			석고보드 + 벽지	23.2	0	22	
		벽 (경계벽의 내장재와 세대간 칸막이벽)	LGS기초 + 석고보드 + 비닐 크로스	70.6	17.0	-	
			LGS기초 + 석고보드 + 벽지	79.8	6.1	-	
			나무 축 하지 + 석고보드 + 비닐 크로스	111	22.1	-	
			나무 축 하지 + 석고보드 + 비닐 크로스	192	14.9	-	
		세대간 칸막이벽	나무 축 하지 + 보통 합판	$100 \times H_{ch}$		-	7
			나무 축 하지 + 치장 보드(난연재료)	$90 \times H_{ch}$			
			불연 하지 + 치장 보드(난연재료)	$12.5 \times H_{ch}$			

(2) 적재가연물

적재가연물은 건물 준공 후 반입되는 가구, 집기, 서류 등의 물품 중 연소에 기여하는 것이다. 이것을 정확하게 파악하는 것은 어렵지만 건축물의 용도와 규모를 단서로 설정한다. 구획 내 전체에서는 가연물의 총 발열량은 화재의 시간(화재 지속시간)에, 노출 표면적은 연소의 세기(발열속도)와 관련이 있다.

1) 발열량밀도

실내의 가연물이 모두 완전 연소한다고 가정하면, 발생하는 열량의 합계는 다음 식으로 구할 수 있다.

$$W_{load} = w_{load} \cdot A_{room} \tag{2.3.6}$$

여기서, W_{load} : 실의 바닥면적당 적재가연물의 발열량 밀도[MJ/m²]

적재가연물의 발열량 밀도는 가연물 조사 결과를 참조하여 설정한다. 적재가연물의 발열량 밀도에 관한 과거 연구결과 건물용도 및 객실 용도별로 분류하여 표 2.3.4에 나타내었다.

가연물 조사의 표준 방법은 부록 A에 나와 있지만 과거에 실시된 조사에서는 반드시 동일한 방법이 채택되지 않았기 때문에 주의가 필요하다. 최근의 조사에서는 불연성의 캐비닛에 수납된 물품은 연소에 기여하는 비율이 작은 것을 고려하여 발열량 밀도를 저감시키고 있다. 여러 조사 결과에서 수납 상태를 무시하고 모든 가연성 물질이 연소하는 것으로 생각했을 경우의 수치도 병기되어 있다.

가연물 밀도는 건물용도 및 실용도에 따른 차이가 있고, 동일한 공간의 경우에도 시간 변동이나 계절 변동이 있으므로 별도의 조사 결과 수치는 절대적인 것이 아니다. 화재 안전 설계에 이용하기 위해서는 변동을 고려하여 설계에 대한 수치를 선택할 필요가 있다. 예를 들어, 표 2.3.5와 같이 고시[9)]에서는 상정되는 평균치에 표준편차의 약 1～2배 정도를 더한 값으로 정해져 있다.

표 2.3.4 적재 가연물의 발열량 밀도에 관한 기존 연구 결과 2),6),10)~42)

건물용도	실용도		발열량 밀도(MJ/m^2)				조사 수		비고	출처
			평균	표준편차	최대	최소	동수	객실수		
사무소	사무실	사무직 집무실(수납 상태를 고려)	482	181	867	230	8	10		10
			469	179	851	221				
		사무직 집무실(수납 상태를 고려)	550	23	573	526	2	2		12
			299	35	334	264				
		사무직 집무실(노출 가연물만)	386	-	501	96	-	13		2
			224	-	440	91				
		기술계 집무실(수납 상태를 고려)	570	80	678	493	5	6		10
			554	70	665	480				
		기술계 집무실(노출 가연물만)	731	-	954	461	-	15		2
			576	-	866	323				
		행정 사무실(수납 상태를 고려)	1198	67	1258	1021	1	5		10
			1178	66	1240	1078				
	설계실(수납 상태를 고려)		886	106	982	712	4	5		
			875	102	971	706				
	OA교실		189	-	-	-	2	1		12
	컴퓨터기구실		239	58	297	181	1	2		11
	회의실, 응접실, 임원실 등(수납 상태를 고려)		125	74	248	40	6	13		10
			110	72	235	38				
	회의실(수납 상태를 고려)		266	239	735	110	2	5		12, 14
	준비실		58	12	69	46	1	2		11
	자료실, 도서실		1,848	613	2,973	1,069	7	10		10

건물용도	실용도			발열량 밀도(MJ/m²)				조사 수		비고	출처
				평균	표준편차	최대	최소	동수	객실수		
	서고			3,066	550	3,616	2,517	2	2		12
	식당			55	3	58	53	2	2		
	휴게실			291	172	543	69	-	5		14
	숙직실			182	-	-	-	1	1		11
	탕비실			219	-	-	-	1	1		14
	화장실			18	-	-	-	1	1		
	창고			4,562	1,283	5,904	3,352	2	3		10
	통로	입구		21	21	62	1	-	15		14,15,16
		복도		37	32	95	0	-	15		14,15
		계단(외부 계단)		115	-	-	-	-	1		14
		로비 · 라운지		97	68	220	36	-	7		15,16
		로비(수납 상태를 고려)		197	106	310	67	4	4		10
				184	109	309	56				
		이벤트 공간		64	15	82	45	-	3		15
사무실 (홍콩)	음식	레스토랑		155	17	168	130	1	3	아트리움 바닥	16
우체국	집배실 (표준편차는 시각변동에 대응)	도착 · 차립 · 분류	6월	212	27*	273	158	1	1	K기관	17
			9월	321	38*	400	235				
		분류 · 보관	6월	54	16*	81	21	1	1		
			9월	172	12*	195	143				
		도착 · 차립 · 분류 · 보관		97	13*	122	73	1	1	Y기관	
		보관		20	14*	24	14	1	1		

건물용도	실용도		발열량 밀도(MJ/m^2)				조사 수		비고	출처
			평균	표준편차	최대	최소	동수	객실수		
판매점	백화점	매장(수납 상태를 고려)	307	138	496	149	1	6		10
			227	112	376	101				
	대형 서험	도서	2,515	343	3,007	1,994	-	7		18
	아트리움	행사장(의류 바겐세일)	335	-	-	-	1	1		19
	쇼핑센터 (캐나다)	의류 매장	393	164	755	142	-	14		20
		전체 점포	750	832	5,305	56	-	168		
		패스트푸드	526	215	1,630	160	-	-		
		레스토랑	298	172	700	92	-	-		
		창고	1,196	1,875	4,280	42	-	-		
시장 (한국)	물건판매점	한복 전문점	773	179	1,107	476	1	21		21
		성인 의류	676	242	1,122	353	1	13		
		이불 가게	793	234	1,399	514	1	14		
		잡화점(신발, 우산 등)	342	-	416	265	1	4		
		결혼용구점	351	-	481	281	1	3		
		의류 수선 전문점	292	87	379	206	1	2		
		불교 용품점	228	-	-	-	1	1		
		수공예상점	167	-	-	-	1	1		
		옷가게	528	-	-	-	1	1		
		의류(속옷)	1,131	-	-	-	1	1		
		영업정지	314	-	-	-	1	1		
	음식점		841	-	-	-	1	1		
	창고		1,042	-	-	-	1	1		

건물용도	실용도			발열량 밀도(MJ/m²)				조사 수		비고	출처
				평균	표준편차	최대	최소	동수	객실수		
레스토랑	중국(홍콩)	객석+주방	고정	145	128	518	32	15	15		22
			적재	138	115	422	43				
		객석	고정	169	157	657	34	15	15		
			적재	143	145	533	34				
		주방	고정	17	23	99	2	15	15		
			적재	200	96	475	109				
호텔	객실			168	24	213	126	2	15		10
	연회장(수납 상태를 고려)			70	24	109	46	1	6		
				62	24	94	35				
	로비			45	-	-	-	1	1		
				43	-	-	-				
	카페(아트리움 하단)			217	85	302	132	2	2		
모텔(캐나다)	객실	침실		757	-	-	-	1	1		24
		주방 + 거실		348	-	-	-	1	1		
전시장	전시실	전시부스		273	77	394	124	1	63	주 1	25
학교	교실	일반 교실		303	108	-	-	-	104		26
		과학실		331	99	-	-	-	36		
		음악실		295	82	-	-	-	23		
		가정학실		321	80	-	-	-	25		
		가정학 피복실		309	87	-	-	-	9		
		가정학 조리실		330	64	-	-	-	9		
		기술과 관계실		361	121	-	-	-	9		

건물용도	실용도		발열량 밀도(MJ/m²)				조사 수		비고	출처
			평균	표준편차	최대	최소	동수	객실수		
학교	교실	미술 · 도공실	321	141	-	-	-	14		
		시청각 교실	172	84	-	-	-	11		
			149	85	263	59	-	3		
		도면실	131	70	-	-	-	7		27
		LL교실	193	76	-	-	-	4		26
	준비실	음악 준비실	650	245	-	-	-	16		
		미술 · 도공 준비실	953	447	-	-	-	11		
		가정학 준비실	498	251	-	-	-	16		
		기술과 준비실	912	274	-	-	-	5		
		시청각 준비실	397	224	-	-	-	5		
	자습실 등	도서실	677	310	-	-	-	21		14
		도서열람실	359	-	-	-	1	1		
		미디어 코너	37	-	-	-	1	1		
		노트북 코너	116	80	196	37	-	2		
		자습실	90	-	-	-	1	1		
	기타 실	회의실	257	136	-	-	-	6		27
			198	191	548	23	-	5		
		상담 · 면담 · 연수실	384	279	1,203	137	3	13		
		학생회실, 아동위원회실	358	104	444	212	3	3		
		다목적실	181	132	317	20	-	4		
		방송실	272	96	422	154	-	4		
		구매	683	417	1,100	266	-	2		

건물용도	실용도		발열량 밀도(MJ/m²)				조사 수		비고	출처
			평균	표준편차	최대	최소	동수	객실수		
학교		기계실	579	259	837	320	-	2		
		휴게실	72	35	107	37	-	2		14
	복도 등	입구	28	-	-	-	1	1		
		복도	61	42	108	18	-	4		
	체육관	경기장	22	28	77	0	-	8		26,28
		무대	132	37	185	64	-	6		28
		무대 아래	48	36	106	6	-	6		
		플레이 홀	582	-	-	-	-	1		
		교실	472	-	-	-	1	1		
		방송실	428	197	624	231	-	2		26,28
		탈의실	272	205	501	28	-	5		
		대기실	762	465	1,353	200	-	5		
		클럽 룸	113	20	146	95	-	4		26
		입구	216	321	857	30	-	5		28
		갤러리	47	14	67	34	-	3		
		복도	20	-	-	-	1	1		
		기구실	600	284	1,099	207	-	8		26,28
		공구실	1,421	759	2,493	859	-	3		28
		창고	1,127	259	1,385	868	-	2		
학교(대학, 뉴질랜드)	강의, 연구동	대학원생실(개인실)	728	188	04	411	1	4		24
		교무실(개인실)	1,359	664	2,247	651	1	3		
		컴퓨터실	216	-	-	-	1	1		

건물용도	실용도		발열량 밀도(MJ/m^2)				조사 수		비고	출처
			평균	표준편차	최대	최소	동수	객실수		
	강의, 연구동	세미나실	102	-	-	-	1	1		
		창고	2,366	-	-	-	1	1		
채육관(학교 이외)	구기 경기장		3	-	-	-	1	1		10
	유도장		77	-	-	-	1	1		
	클럽실(수납 상태를 고려)		70	24	109	46	1	4		
			62	24	94	35	1	4		
	탈의실(수납 상태를 고려)		41	12	53	29	1	2		
			40	13	53	27	1	2		
	기구창고(수납 상태를 고려)		429	192	677	208	1	3		
			400	204	677	192	1	3		
	현관(수납 상태를 고려)		93	-	-	-	1	1		
			85	-	-	-	1	1		
극장	대 도구 제작실		698	-	-	-	1	1		
	대 도구 창고(수납 상태를 고려)		1,058	148	1,205	910	1	2		
			1,040	130	1,170	910	1	2		
	나락		163	-	-	-	1	1		
	무대(수납 상태를 고려)		72	-	-	-	2	1		
			69	-	-	-	3	1		
	무대 축(수납 상태를 고려)		334	0	338	330	1	6		
			333	0	336	330	1	6		
단독주택	주택전체		542	-	-	-	-	166		29
			320	104	594	110	-	38		

건물용도	실용도		발열량 밀도(MJ/m²)				조사 수		비고	출처
			평균	표준편차	최대	최소	동수	객실수		
단독주택	거실 등	거실	229	147	-	-	-	11		30
		부엌	389	248	-	-	-	19		
		UD	325	139	-	-	-	19		
		D/K	312	187	-	-	-	12		
	침실 등	부부침실	238	259	-	-	-	36		
		남성침실	341	237	-	-	-	21		
		여자침실	410	338	-	-	-	16		
	수납실	옷장	813	832	-	-	-	89		
		부부침실수납	888	968	-	-	-	27		
		남성침실수납	750	456	-	-	-	15		
		여성침실수납	808	770	-	-	-	20		
	기타	화장실	74	147	-	-	-	65		
		세면장	347	400	-	-	-	12		
		유실 · 세면장	165	179	-	-	-	33		
		복도 · 계단 · 복도	123	130	-	-	-	43		
		복도 및 계단	56	118	-	-	-	10		
		발코니	45	206	-	-	-	37		
공동주택	연립주택 전체		582	187	-	-	-	136	공단주택	31
			472	140	-	-	-	78	아파트	
			461	181	1,421	157	-	139	공단임대	32
			541	165	1,027	138	-	121	공단분양	33
			595	184	1,294	139	-	238	사택	

건물용도	실용도			발열량 밀도(MJ/m^2)				조사 수		비고	출처
				평균	표준편차	최대	최소	동수	객실수		
공동주택				666	-	-	-	-	166		
	거실 등	거실		564	329	1,453	100	-	69		
		식사실		530	264	-	-	-	13		
		부엌		454	323	-	-	-	54		
		L/D		427	221	-	-	-	42		
		D/K		499	203	-	-	-	75		
		L/D/K		494	234	-	-	-	86		
		주인실		536	258	-	-	-	39		
		서재		907	400	-	-	-	29		
	침실 등	L+메인침실		582	310	-	-	-	46		
		L+여성침실		774	427	-	-	-	20		
		주인방		637	306	-	-	-	86		
		주인침실		814	781	-	-	-	42		
		남성침실		917	403	-	-	-	25		
		여성침실		930	818	-	-	-	27		
		어린이실	12～18세	874	356	1,740	153	-	51		
			11세 이하	768	275	-	-	-	37		
	수납실	리빙수납		2,119	1,355	5,763	693	-	40		
		L/D/K 수납		1,069	789	-	-	-	4		
		L/D수납		8,302	4,483	-	-	-	2		
		(L + 메인침실)수납		1,045	883	-	-	-	44		
		(L + 부인의 침실)수납		1,053	525	-	-	-	14		

건물용도	실용도			발열량 밀도(MJ/m^2)				조사 수		비고	출처
				평균	표준편차	최대	최소	동수	객실수		
공동주택		주 침실수납		939	664	-	-	-	87		
		남성침실수납		778	458	-	-	-	21		
		여성침실수납		642	472	-	-	-	21		
		아이방 수납	2~18세	1,014	648	-	-	-	46		
			11세 이하	1,342	1,077	-	-	-	27		
		주인실 수납		952	635	-	-	-	40		
		서재 수납		1,302	1,022	-	-	-	21		
		세면실 수납		2,272	1,981	-	-	-	31		
		현관 복도 수납		2,115	1,750	-	-	-	110		
		복도 · 계단 수납		1,494	440	-	-	-	5		
		기타 수납		963	771	-	-	-	113		
		외부창고		1,816	1,110	-	-	-	71		
	기타	목욕		142	118	-	-	-	59		
		화장실		184	232	-	-	-	125		
		세면실		298	544	-	-	-	123		
		기타실		930	648	-	-	-	144		
		현관 · 복도		379	747	-	-	-	179		
		복도 및 계단		475	726	-	-	-	7		
		발코니		184	165	-	-	-	139		
단독주택(NZ)	침실			724	92	852	594	-	4		24
단독주택 (한국)	연립주택전체			345	-	-	-	1	1		34
	거실 등	거실		242	-	-	-	1	1		

건물용도	실용도		발열량 밀도(MJ/m^2)				조사 수		비고	출처
			평균	표준편차	최대	최소	동수	객실수		
단독주택 (한국)		주방	188	-	-	-	1	1		
	침실	침실	541	124	695	392	-	3		
	기타	발코니	321	157	477	164	-	2		
		현관	67	-	-	-	1	1		
주택 (단독 · 집합)	거실 등	L/D	486	-	-	-	-	166		35
		L/K	491	-	-	-	-	166		
		L/D/K	680	-	-	-	-	166		
		D/K	944	-	-	-	-	166		
		피아노실	1,008	-	-	-	-	166		
		서재	1,075	-	-	-	-	166		
		응접실	415	-	-	-	-	166		
		불간	251	-	-	-	-	166		
		식사실	592	-	-	-	-	166		
		부엌	1,248	-	-	-	-	166		
		세탁실	528	-	-	-	-	166		
		가사실	896	-	-	-	-	166		
	침실 등	아이방	608	-	-	-	-	166		
		부부방	466	-	-	-	-	166		
		개인방(대학생)	317	165	684	157	1	11	주2	29
	수납실	옷장	928	-	-	-	-	166		35
		수납장	1,248	-	-	-	-	166		
	기타	세면실	1,120	-	-	-	-	166		

건물용도	실용도			발열량 밀도(MJ/m^2)				조사 수		비고	출처
				평균	표준편차	최대	최소	동수	객실수		
병원	기타	화장실		342	-	-	-	-	165		
		목욕탕		240	-	-	-	-	166		
		복도		136	-	-	-	-	166		
		현관		493	-	-	-	-	166		
	병실	독방(화장실 제외)		308	2	310	306	-	2		37
		독방(화장실 포함)		339	5	343	334	-			
	진료실	간호사 스테이션		924	105	1,090	803	-	5		
병원 (영국)	병동	특별실	(주실만)	134	38	-	-	-	-		38
			(부속실 포함)	192	62	-	-				
		일반실		173	24	-	-	-	-		
		큰방		165	35	-	-	-	-		
		작은방		197	42	-	-	-	-		
		병동전체		168	37	237	78	-	26		
	진료실	산부인과(진료실)		99	69	272	106	1	1		
		물리치료시설(운동)		59	-	-	-	1	1		
		작업치료실	(전체)	198	-	-	-	-	3		
			(목수작업)	267	-	-	-	1	1		
			(도장작업)	200	-	-	-	1	1		
			(포장작업)	408	-	-	-	1	1		
		그룹치료실		223	33	256	190	-	2		
		검사실		459	117	576	342	-	2		
	대합실	접수		162	21	182	141	-	2		

건물용도	실용도			발열량 밀도(MJ/m^2)				조사 수		비고	출처
				평균	표준편차	최대	최소	동수	객실수		
		산부인과 대기실		74	-	-	-	1	1		
		면담실		212	18	230	194	-	2		
	창고	일반창고		1,195	453	1,648	742	-	2		
		문구		3,616	1,616	5,232	2,000	-	2		
		정신과창고		552	-	-	-	1	1		
		도료		1,200	-	-	-	1	1		
		의료기록		2,176	1,952	5,728	128	-	6		
		필름보관		11,072	-	-	-	1	1		
	기타	직원실		510	262	771	248	-	2		
		탈의실(남자)		880	-	-	-	1	1		
		식사실		123	-	-	-	1	1		
		주방		211	-	-	-	1	1		
		미용실		163	-	-	-	1	1		
역	여객 영역	홈 전체	(고정)	27	19	82	-	-	18		39
			(적재)	19	10	40	-	-	19		
			(고정 + 적재)	26	18	58	7	-	8		40
		재래선호	(적재)	3	-	-	-	1	1		6,41
		살람									
		광장 전체	(고정)	66	58	197	-	-	19		39
			(적재)	35	56	246	-	-	17		
			(고정 + 적재)	42	17	66	17	-	9		40
		재래선 광장	(적재)	6	1	8	6	-	3		6,41

건물용도	실용도			발열량 밀도(MJ/m^2)				조사 수		비고	출처
				평균	표준편차	최대	최소	동수	객실수		
역		특급 등의 대합실	(적재)	6	4	9	2	-	2		
		래치 외 자유 통로	(적재)	8	0	8	8	-	2		
		화장실	(고정)	43	32	91	-	-	7		39
			(적재)	3	5	13	-	-	9		
	매점 등	매점	(고정)	963	334	1,638	-	-	6		
			(적재)	1,397	128	1,574	-	-	6		
			(적재)	422	119	601	276	-	4		42
		기타(DPE 등)	(고정)	730	266	893	-	-	6		39
			(적재)	80	16	32	-	-	6		
		식당	(고정)	274	190	542	-	-	6		
			(적재)	13	22	58	-	-	6		
		가판대	(고정)	210	74	285	136	-	2		42
			(적재)	738	117	854	621	-	2		
		미니 편의점	(고정)	83	18	101	66	-	2		
			(적재)	492	42	534	450	-	2		
	업무 구역	역무실	(고정)	166	134	501	-	-	56		39
			(적재)	264	149	634	-	-	54		
		역에서 나오는 개찰구	(고정)	184	125	390	-	-	23		
			(적재)	261	162	744	-	-	31		
		매표실	(고정)	136	77	277	-	-	10		
			(적재)	133	78	266	-	-	10		
		관광센터	(고정)	198	109	362	-	-	8		

건물용도	실용도			발열량 밀도(MJ/m^2)				조사 수		비고	출처
				평균	표준편차	최대	최소	동수	객실수		
역	업무 구역		(적재)	293	94	424	-	-	8		
		창고	(고정)	78	96	379	-	-	28		
			(적재)	957	646	2,603	-	-	24		
		휴게실	(고정)	163	131	454	-	-	64		
			(적재)	480	408	2,336	-	-	70		
		욕실	(고정)	131	80	330	-	-	29		
			(적재)	19	38	136	-	-	29		
		홀 복도	(고정)	66	46	104	-	-	4		
			(적재)	8	11	21	-	-	3		
		기계실	(고정)	66	46	104	-	-	4		
			(적재)	8	11	21	-	-	3		

주1) 전시 구획 면적당

주2) 발열량 밀도는 바닥면적에 반비례하고, $Ar \times gl = 200\,MJ$의 상관식이 제안되고 있다.

표 2.3.5 적재 가연물의 발열량 밀도의 설계 표준값[7)]

	실의 종류		방 안	발열량 밀도 W_{load} [MJ/m^2]
(1)	주택의 거실		세대 내의 화장실, 욕실, 복도, 벽장, 주방은 모두 주택의 거실로 발열량을 산정하여도 좋다.	720
(1)	주택 이외의 건축물의 침실 또는 병실		주택 이외의 건축물 중 침실, 병실 또는 독점적으로 취침하는 것을 목적으로 한 실로서 주택의 거실에 비해 가연 물량이 적은 실을 말하며, 예를 들어 숙박 시설의 객실, 사무실 빌딩 숙직실 등이 해당한다.	240
(2)	사무실 및 이와 유사한 것		사무실에 유사한 용도로는 학교의 직원실, 병원 진료실, 간호사실 등이 있다.	560
(2)	회의실 및 이와 유사한 것		회의실에 유사한 용도의 특징은 사용 시에만 가연성 물질이 반입되고, 항상 약간의 가구 등이 설치된 시설로서 사무소의 임원실 등이 해당한다.	160
(3)	교실			400
(3)	체육관 경기장 기타 이와 유사한 것		체육관 경기장은 일반적으로 수납 가연물이 극히 적은 공간으로서 실내 구장의 필드와 실내 수영장 등이 해당한다.	80
(3)	박물관 문은 미술관의 전시실 및 이와 유사한 것			240
(4)	백화점 매장 또는 물품 판매업을 영위하는 점포 기타 이와 유사한 것	가구 또는 도서 매장 및 이와 유사한 것	가구 또는 도서 매장은 항상 많은 수납 가연물이 존재하는 공간으로서 주택·사무소가 주로 용도인 건축물의 수납실 학교의 기구 창고, 호텔 린넨실, 극장 등의 대 도구실, 학교 도서관, 파친코 게임 센터 등이 이 범주에 포함된다.	960
(4)		기타부분		480
(4)	음식점 기타 음식점 시설	간이식당	음식 시설 중 간이 식당에 유사한 것은 찻집 코너와 직원 전용 식당 등 비 영업용 음식실이 해당된다.	240

실의 종류			방 안	발열량 밀도 W_{load} [MJ/m^2]
		기타 음식 시설	기타 음식실이라는 것은 일반 영업용 음식 시설이며, 음식점의 객실 부분, 호텔의 연회 룸, 주방 등이 포함된다.	480
(5)	극장, 영화관, 연예장, 관람 공간, 공회장, 집회실, 기타 이와 유사한 용도에 해공하는 시설	객석 부분(고정석의 경우)	체육관 관람석이나 디스코 등의 객석 부분은 극장 등의 객석에 유사한 시설로 간주함	400
		객석 부분(다른 경우)		480
		무대 부분		240
(6)	자동차 차고 또는 자동차 수리 공장	차실, 기타 이와 유사한 부분		240
		차로, 기타 이와 유사한 부분		32
(7)	복도, 계단 기타 통로		복도, 계단 기타 통행용으로만 사용되는 통로가 해당하고 화장실이나 덕트 공간 등도 포함된다.	32
	현관 홀, 로비, 기타 이와 유사한 것	극장, 영화관, 연예 장, 관람 공간, 공회당 또는 집회장 기타 이와 유사한 용도 또는 백화점 또는 물품 판매업을 영위하는 점포 기타 이와 유사한 용도에 해당하는 건축물	현관 홀, 로비, 기타 이와 유사한 것은 상업 시설의 모임 장소나 간단한 이벤트를 위해 소파, 책상 등의 약간의 가연물이 놓일 수 있는 공간(160) 및 기타 공간(80)으로 구별한다.	160
		다른 것들		80
(8)	승강기 기타 설비 기계실		탕비실, PS, EPS, 승강기 승강로 등이 포함된다.	160
(9)	옥상 광장 또는 발코니			80
(10)	창고 기타 물품 보관용으로 제공 시설		여기서 말하는 창고는 주로 물품의 보관을 목적으로 한 시설로서 일반창고 외에 물건 판매 점포의 백야드나 스톡 야드가 해당한다.	2,000

2) 가연물 표면적

가연물 표면적은 적재가연물의 발열량 밀도와의 관계가 조사되어 계산식이 제안되고 있다.

$$A_{fuel} = \phi \cdot w_{load} \cdot A_{room} \tag{2.3.7}$$

여기서, A_{fuel} : 실내가연물 표면적[m^2]

ϕ : 표면적 계수[m^2/MJ]

하나의 가연물을 한 변의 길이가 L인 입방체로 근사시키면 노출 표면적 $A(=5L^2)$와 부피 $V(=L^3)$의 관계는

$$A = 5V^{2/3} = (5V^{-1/3})V \tag{2.3.8}$$

가 되어, 표면적 계수는 $V^{-1/3}$에 비례한다. 가연물의 발열량 밀도가 낮은 경우에는 개별 가연물이 독립적으로 배치되는 것이 많기 때문에 단일 가연물과 같은 관계가 있다.

$$\phi \propto w_{load}^{-1/3} \tag{2.3.9}$$

가연물의 발열량 밀도가 높은 경우에는 가연물 상호 접촉하여 배치됨으로써 노출 표면적은 감소한다. 표 2.3.6 및 그림 2.3.1에 나타난 조사 결과는

$$\phi \propto w_{load}^{-n} \quad (n = 0.37 \sim 1.11) \tag{2.3.10}$$

관계가 된다.

표 2.3.6 적재가연물의 표면적 계수 [12), 41)]

건물 용도	시설 용도	표면적 계수의 계산식		출처
		계수 a	지수 n	
사무실	사무실	0.25	0.65	12
호텔	객실 등	0.136	0.62	
주택	모든 용도	0.225	0.64	
	침실	0.364	0.73	
	거실	8.40	1.11	
역	광장	0.0291	0.37	41
	설치 점포	0.0808	0.50	

또한 표면적 계수는 가연물의 배치에 크게 의존하기 때문에 변동이 크다. 따라서 설계용으로는 수치를 할증하여 사용하는 것이 필요하다. 국토 교통성 고시[7]는 평균보다 약간의 할증을 실시하여 행하고 있다.

$$\phi = 0.26 w_{load}^{-2/3} \tag{2.3.11}$$

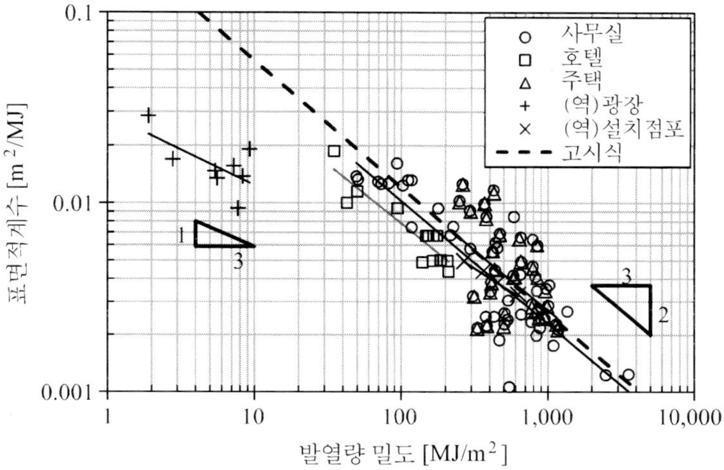

그림 2.3.1 적재가연물의 표면적 계수

참고문헌

1) H. Satoh, T. Mizuno : Fire Source Model Based on the Ignited Material andits Burning Property in the Early Stages of Fire in Residential Accommodations, Fire Science and Technology, Vol.25 No.3, pp.163-187, September, 2006

2) 池畠由華, 笠原勲, 佐藤博臣, 栗岡均, 矢代嘉郎, 掛川秀史 : 事務所ピルにおける避難安全設計用火源, 日本建築学会大会学術講演梗概集(北海道), pp.113-116, 2004年8月

3) 東京消防庁 : 蔵前国技館火災実験結果報告書, 1985年3月

4) 原田和典, 大宮喜文, 阿部伸之, 野竹宏彰 : 物販店舗の収納可燃物の実態調査, 火災, vol.56(3), pp.5-11, 日本火災学会, 2006年6月

5) 中道明子, 八木真爾, 原田和典 : 通路状空間の可燃物配置調査, 日本建築学会大会学術講演梗概集(防火, 海洋, 情報システム工学), pp.347-348, 2004年8月

6) 湯浅公美子, 山田信太郎, 伊原広由基, 遠因敦, 北堀純, 鎌田泰裕, 小津成昭, 大宮喜文 : 大規模ターミナル駅の可燃物実態調査(その1調査概要及び可燃物分類, その2可燃物の特徴), 日本建築学会大会学術講演梗概集(関東), pp.365-366, 2011年8月

7) 国土交通省住宅局建築指導課, 国土交通省建築研究所, 日本建築主事会議, 日本建築センター編集, 防火材料等関係団体協議会編集協力 : 火材料等関係団体協議会編集協力2001年版耐火性能\検証法の解説及び計算例とその解説, 井上書院, 2001年3月

8) 松原敏子 : 建築物の火災継続時間の変動に関する研究, 平成19年度東京理科大学理工学研究科修士論文, 2008年3月

9) 平成12年建設省告示第1433号 : 耐火性能検証法に関する算出方法等を定める件, 2000年6月

10) 建設省大臣官房技術調査室監修, 国土開発技術センター編集 : 建築物の総合防火設計法, 第4巻 耐火 設計法, 日本建築センター発行, 1989年4月

11) manu都市建築研究所 : 建築物内の可燃物量に関する実態調査, 1983年3月

12) 油野健志, 山中秀利, 大宮喜文, 高橋清, 田中孝義, 若松孝旺 : 実態調査に基づく可燃物量とその表面 積の分析, 日本建築学会計画系論文集, 第483号, pp.1-8, 1996年 5月

14) 大宮喜文, 北堀純, 原田和典, 松山賢, 抱憲誓・什器類の偏在状況を考慮した可燃物実態調査, 日本建築学会技術報告集, 第22号, pp.227-230, 2005年12月

15) 井田敦之, 長谷見雄二, 土屋伸一, 村岡宏, 栗岡均, 若松高志, 鈴木圭一, 林広明, 長岡勉, 森山修治, 富松大基, 山田茂, 今枝亮一, 南東君, 峰岸良和 : 事務所系建築物のアトリウムにおける積載可燃物の実態調査, 日本建築学会技術報告集, 第19号, pp.157-162, 2004年6月

16) W. K. Chow, W. K. Wong : On the Simulation of Atrium Fire Environment in Hong Kong Using Zone Models, Journal of Fire Sciences, Vol.11, No.1, pp.3-51, January/February, 1993

17) 南東君, 長谷見雄二, 太田充, 嶋田拓 : 大規模郵便局の収納可燃物特性—物流施設の収納可燃物量測定評価手法の研究—, 日本建築学会環境系論文集, No.582, pp.17-22, 2004年8月

18) 南東君, 長谷見雄二, 太田充 : 大型書店の収納可燃物特性とその簡易調査法, 日本建築学会環境系論文集, 第613号, pp.15-20, 2007年3月

19) 日本建築防災協会臨海部防火安全委員会 : 臨海部における大規模建築物群の総合的な防火安全に関する調査・検討報告書, 1991年3月

20) G. Hadjisophocleous, E. Zalok : A Survey of Fire Loads in Commercial Premises, Fire and Explosion Hazard, 5th International Seminar, April, 2007

21) 金南革, 朴宣圭, Kwon Young Jin : 韓国の市場地域に対して可燃物の調査研究 ; 建築学会大会(北陸) 学術講演梗概集, pp.373-374, 2010年9月

22) W. K. Chow : Zone Model Simulation of Fires in Chinese Restaurants in Hong Kong, Journal of Fire Sciences, Vol.13, No.3, pp.235-253, May/June, 1995

24) H. W. Yii : Effect of Surface Area and Thickness on Fire Loads, Fire Engineering Research Report, University of Canterbury, March, 2000

25) 八木真爾 : 大規模展示場における火災荷重の検討(大規模展示場における防災計画例その3), 日本建築学会大会(関東) 学術講演梗概集, pp.35-36, 1997年8月

26) 日本鋼構造協会 : 学校建築の可燃物実態調査, 1973年

27) 板垣直行, 平井倫之, 長谷見雄二 : 大規模木造建築物の防火基準整備のための基礎的研究(その2学校における可燃物量調査の方法及び分析方法, その3学校における可燃物量調査結果及び各室の火災特性の把握), 日本建築学会大会学術講演梗概集(関東), pp.97-100, 2011年8月

28) 平井倫之, 長谷見雄二, 永盛洋樹, 原田浩司, 飯島泰男, 板屋直行 : 性能的耐火設計のための学校体育館の可燃物量調査, 日本建築学会技術報告集, 第17巻 第36号, pp.549-554, 2011年6月

29) 佐藤博臣, 栗岡均, 泉純一, 須川修身, 石川孝重 : 木造住宅の火災荷重に関する分析(その1積載火災荷重について), 日本建築学大会学術講演梗概集(闘東), pp.31-32, 1997年9月

30) 古瀬敏, 森下弥三郎, 松延晋, 川越邦雄 : 戸建住宅の積載可燃物量に関する調査, 日本建築学会関東支部研究報告集, pp.397-400, 1986年5月

31) S. Kose, Y. Morishita, I. Hagiwara, I. Tsukagoshi, S. Matsunobu, K. Kawagoe: Survey of Movable Fire Load in Japanese Dwellings, Fire Safety Science - Proceedings of the Second International Symposium, pp.403-412, September, 1988

32) 日本建築センター : 新都市型集合住宅システム開発プロジェクト(昭和62年度建設省委託) 新都市型躯体構造システム報告書, 1988年3月

33) 佐藤博臣, 栗岡均, 佐藤寛・住宅の家具配置実態と初期火災拡大危険評価モデル, 日本建築学会環境系論文集, 第595号, pp. 1-8, 2005年9月

34) 金南革, 申易徹, 朴宣圭, Kwon Y. J. : 緯国のアパートにおける摘載可燃物の調査研究, 日本建築学会大会学術講演梗概集(東北), 2009年8月

35) A. Bwalya, G. Lougheed, A. Kashef, H. Saber : Survey Results of Combustible Contents and Floor Areas in Canadian Multi-Family Dwellings, Fire Technology, 47, pp.1121-1140, October, 2011

36) 才藤稽子, 土屋伸一, 長谷見雄二, 川原大事, 高木徹也：病院における災害時人命安全計画法の開発 その5病室及びナースステーションにおける可燃物の実態調査, 日本建築学会大会学術講演梗概集(東海), pp.81-82, 2012年9月

37) M. F. Green : A Survey of Fire Loads in Hackney Hospital, Fire Technology, Vol.12(1), pp.42-52, February, 1977

38) 藤井光治郎, 石橋輝樹, 中川善光, 伊藤普彦：線郎上空利用建物における耐火設計に関する研究 その2駅の可燃物調査結果の分析, 日本建築学会大会学術講演梗概集(東北), pp.1197-1198, 1991年9月

39) 武居泰, 清水克将, 星川努・駅のホームおよびコンコースにおける可燃物実態調査, 日本建築学会大会学術講演梗概集(北陸), pp.371-372, 2010年9月

40) 木村和賞, 山田信太朗, 遠回数, 北堀純, 小津成昭, 大宮嘉文, 小山剛：大規模ターミナノレ駅の可燃物実態調査(その3可燃物密度と露出表面積の関係), 日本建築学会大会学術講演梗概集(関東), pp.185-196, 2012年9月

41) 武居泰, 藤井光治郎, 佐藤敏彦, 山田聖治, 林篤：駅構内に設置された売店等の可燃物量調査, 日本建築学会大会午術講演使概集(東海), pp.221-222, 2003年9月

CHAPTER 03

국소화재 및 이동화재

3.1 가연물의 발열속도 산정

> 가연물의 발열속도는 공간 내에 예상되는 가연물에 따라 산정한다. 산정방법으로는 물건의 이름에서 추정하는 방법, 물품명과 치수에서 추정하는 방법, 주요 구성재료와 치수로부터 추정하는 방법이 있다.

– 해설 –

국소화재 및 이동화재에서는 가연물 단독체 연소에서 주변의 가연물로 연소가 확대되는 화재를 가정한다. 따라서 공간 내 가연물의 종류, 형상 및 배치 상황을 고려하여 각각의 가연물의 연소 성상을 적절하게 고려할 필요가 있다. 가연물의 연소 성상을 나타내는 척도로서 발열속도와 시간의 관계를 나타냄으로써 국소화재 및 이동화재성상 예측이 가능하다.

여기에서 기존의 실험결과의 DATA Base를 바탕으로 건축물의 설계 시에 적용 가능한 가연물 정보에 따라 가연물 발열속도의 3가지 산정방법에 대해서 제시하였다.

방법 1은 "3인용 소파"처럼 연소물의 명칭으로부터 치수와 재질을 알 수 있는 것이 해당된다. 방법 2는 물건의 이름으로부터 재질에 대해서는 대략 알 수 있으나 치수가 가변적인 것을 대상으로 산정하는 방법이다. 예를 들어, "크리스마스트리"처럼 비슷한 형상 및 재질에서 치수가 변화되는 것에 대한 산정방법이다. 방법 3은 물품명은 자세히 알 수 없지만 가연물의 재질과 치수만을 대상으로 하여 산정하는 방법이다.

산정 방법인 1~3에서 이용할 수 있는 정보의 종류에는 차이가 있다. 방법 1은 정밀도가 좋지만 이용할 수 있는 대상물이 제한된다. 방법 3은 이용대상을 한정하지 않지만 정밀도에 대해서는 취급을 위한 안전율을 고려할 필요가 있다. 또한 가연물을 대상으로 한 산소 소비법에 따른 연소 실험 후 모델화하는 것이 직접적인 방법이다.

표 3.1.1 각 방법의 특징

	방법 1	방법 2	방법 3
대상	가연물 이름에서 재질이나 치수를 거의 알 수 있는 가연물	가연물 이름에서 재질은 대략적으로 파악할 수 있으나 치수가 일정하지 않은 가연물	방법 1, 2 이외에 재질과 치수를 예측할 수 있는 가연물
가연물의 예	1인용 소파, 2~3인용 소파, 경질 플라스틱계 의자, 목재 의자	크리스마스트리, 매트리스	–

(1) 발열속도의 측정데이터 수집과 정리방법[10), 11)]

(a) 기존의 가연물 연소 실험 데이터

가연물의 연소 실험[12)~28)]은 많이 실시되고 있다. 그 중에서 치수, 재질 중량 등이 기술되어 있는 것을 선정하여 수집한 결과를 표 3.1.2에 나타내었다. 표 3.1.2에서는 물품의 종류(대분류), 일반명칭(중분류)로 구분한 후, 더 나아가 주요 구성 재료(소분류)에 따라 분류하였다.

표 3.1.2 수집한 연소실험의가연물 분류[29)]

<table>
<tr><th>대분류</th><th colspan="2">중분류</th><th colspan="2">소분류</th></tr>
<tr><td>가연물의 종류</td><td colspan="2">일반명칭</td><td colspan="2">형식, 주된 구성 재료</td></tr>
<tr><td rowspan="10">가구</td><td rowspan="5">의자</td><td rowspan="5">70</td><td>플라스틱계 의자(쿠션 있음)</td><td>10</td></tr>
<tr><td>경질 플라스틱계 의자</td><td>7</td></tr>
<tr><td>목제의자</td><td>14</td></tr>
<tr><td>1인용 소파</td><td>14</td></tr>
<tr><td>2~3인용 소파</td><td>25</td></tr>
<tr><td>옷장</td><td>8</td><td>목제</td><td></td></tr>
<tr><td rowspan="2">서랍장</td><td rowspan="2">8</td><td>목제</td><td>3</td></tr>
<tr><td>철제</td><td>5</td></tr>
<tr><td>침대매트리스</td><td>9</td><td>–</td><td></td></tr>
</table>

대분류	중분류		소분류	
가구	TV선반	7	–	
	찬장(장식장)	1		
	파티션	15		
	다다미(일본)	1		
우레탄 매트리스	우레탄 매트리스	13	–	
	쿠션	1		
커튼	커튼	5	–	
가전제품	컴퓨터	11	–	
	TV	6		
	식기세척기	4		
	세탁기	3		
	냉장고	4		
설비류	배전판	4	–	
	컨베이어 벨트	6		
	전기케이블	1		
차량	열차	2	–	
	트럭	1		
	승용차(밴)	2		
	승용차(세단)	7		
쓰레기통	쓰레기 봉투	5	–	
	쓰레기 통	2		
	재활용 BOX(종이류)	3		
	플라스틱 BOX	2		
나무류	크리스마스트리(천연목)	16	자연상태	2
			건조상태	14
기타	편의점 진열대	5	–	
	호텔의 객실	1		
	사무실 부스	9		
	장식된 크리스마스트리	3		
	목제의자(옆으로 세운 것)	4		
	플라스틱계 의자(쌓아올림)	19		

(b) 발열속도의 패턴화

가연물의 연소는 착화 직후 단계를 거쳐 어느 정도 연소 규모가 되면 급속히 성장하고 최대 규모에 달한 후에 감쇠하는 패턴이 많다. 착화 직후 연소성상은 가연물의 착화위치와 착화 방법에 의존한다. 성장 개시 전의 가연물의 연소 성상이 화재 안전에 직접적으로 영향을 미치는 것은 적으므로, 여기에서는 성장 개시 시점을 시간의 원점으로서 데이터를 정리하였다. 실험 데이터는 그림 3.1.1과 같이 초기 성장, 정상연소, 감쇠의 3개의 기간으로 나눈다. 발열속도는 초기 성장으로는 시간의 제곱에 따라 증가하고 정상연소에서는 일정하게 유지되며 감쇠는 시간의 제곱에 따라 감소하는 경향과 유사하다. 이 방법에 의하면 화재성장율 α, 최대발열속도 $Q_{\max}$, 정상연소 계속시간 $(t_{\max}-t_{grow})$, 화재감쇠율 α_d 의 4개의 파라미터에 의한 발열속도 시간이력을 나타낼 수 있다.

$$Q(t)=\begin{cases}\alpha t^2 & 0\le t<t_{grow}\\ Q_{\max} & t_{grow}\le t<t_{\max}\\ a_d(t_{decay}-t)^2 & t_{\max}\le t<t_{decay}\end{cases} \tag{3.1.1}$$

$$\alpha=\frac{Q_{\max}}{t_{grow}^2} \tag{3.1.2}$$

$$\alpha_d=\frac{Q_{\max}}{(t_{decay}-t_{\max})^2} \tag{3.1.3}$$

여기서, Q : 발열속도[kW]
$Q_{\max}$: 최대발열속도[kW]
α : 화재성장율[kW/s^2]
a_d : 화재감쇠율[kW/s^2]
t : 시간[s]
t_{grow} : 성장 종료시간[s]
$t_{\max}$: 정상연소 종료시간[s]
t_{decay} : 감쇠 종료시간[s]

실재 가연물의 연소는 반드시 이와 같은 경시변화를 따르는 것이 아니라 성장과정에서 2단계 성장과정이나 복수피크가 나타내는 패턴도 있다. 2단계의 성장과정을 보여주는 것에 대해서는 성장 초기단계가 아니라 최대 연소에 이르기까지의 성장속도가 일치하도록 성장시간을 구한다.

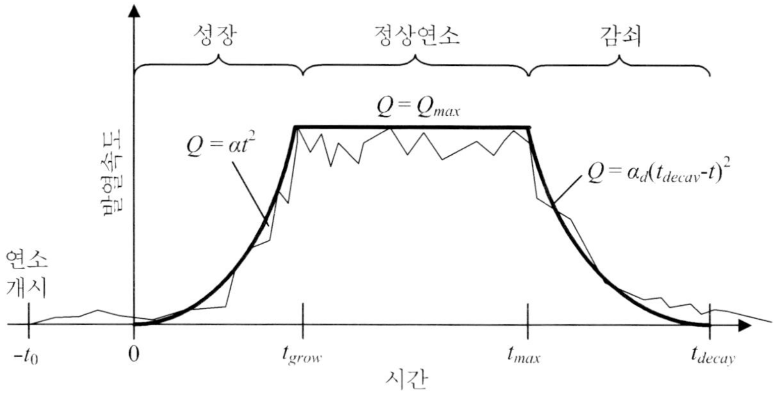

그림 3.1.1 시간에 따른 발열속도 모델화

(2) 방법 1 : 물품명으로부터의 추정

치수와 주재료가 어느 정도 정해진 가연물에 대해서는 물품명을 근거로 시간에 따른 발열속도를 추정할 수 있다. 예를 들어, 의자를 생각하면 인체 치수에는 큰 변동이 없으므로 의자의 치수는 한정되어 있다. 또한 앉는 부분과 등받이에는 쿠션 재료가 사용됨에 따라 재질도 어느 정도 추정할 수 있다. 이러한 타입의 가연물은 적용 가능한 실험 데이터를 가연물의 이름별로 구분하고 시간에 따른 발열속도를 추정할 수 있다.

표 3.1.3 쿠션 의자의 개요

No	제품명	주된 구성 재료	높이 [m]	폭 [m]	길이 [m]	중량 [kg]
1	사무용 회전의자	프레임수지, 스펀지 계열	0.70	0.60	0.60	-
2	사무용 의자	좌면 및 등받이 : 우레탄 쿠션 + 합성수지커버	0.79	0.66	0.81	15.5
3	극장용 의자 (앉는 부분 접힘)	-	-	0.50	0.50	10.4 (22.2)
4	극장용 의자 (앉는 부분 접힘)	강철테두리, 우레탄쿠션, 플라스틱 부품	-	0.50	0.50	9.0 (19.5)
5	극장용 의자 (앉는 부분 접힘)	강철테두리, 우레탄쿠션, 플라스틱 부품	-	0.50	0.50	9.0 (33.1)

6	극장용 의자 (앉는 부분 접힘)	No. 5와 동일	-	0.50	0.50	9.0 (33.1)
7	극장용 의자 (앉는 부분 고정)	No. 5와 동일	-	0.50	0.50	9.0 (33.1)
8	극장용 의자 (앉는 부분 접힘)	철제프레임, 섬유커머, 우레탄 쿠션, 플라스틱 부품	-	-	-	8.1 (13.1)
9	극장용 의자 (앉는 부분 접힘)	No. 8과 동일	-	-	-	8.1 (13.1)
10	극장용 의자 (앉는 부분 접힘)	우레탄쿠션, 플라스틱 부품, 목제등받이	-	-	-	9.7 (19.6)
평균값			0.75	0.53	0.55	9.8
최대값			0.79	0.66	0.81	15.5
최소값			0.70	0.50	0.50	8.1

(a) 쿠션의자

쿠션의자는 앉는 부분과 등받이에 우레탄 종류의 쿠션을 사용한 것으로 사무용, 극장용 등의 실내에서 많이 사용된다. 표 3.1.3에는 기존 연소 실험에서 사용된 쿠션의자의 개요를 나타내었다. 높이는 0.7∼0.79 m, 폭 및 깊이는 0.5∼0.6 m이다.

극장용 의자의 대부분은 금속제의 틀이기 때문에 총 무게는 19.5∼33.1 kg로 무겁지만 금속부분을 제외하면 8.1∼15.5 kg이다. 앉는 부분은 유동성이 있으며, 그 부분을 올린 상태 및 낮춘 상태에서 실험을 실시하였다.

또한 No. 5∼No. 7, No. 8과 No. 9는 각각 같은 의자이며 실험 조건은 No. 5, 6 및 No. 8, 9는 앉는 부분을 낮춘 상태, No 7은 앉는 부분을 올린 상태에서 실험을 실시하였다. 시간에 따른 발열속도의 변화는 그림 3.1.2에 나타내었다. No. 3∼6에 대해서는 복수의 발열속도의 피크를 나타내기 때문에 최대 가열속도만 사용하였으며 이것을 제외한 6개의 데이터에 대하여 화재성장율, 정상 연소시간, 화재감쇠율을 구하였다. 각 파라미터의 평균치와 ± 표준편차를 식 (3.1.1)∼식 (3.1.3)을 이용하여 시간에 따른 발열속도의 변화를 정리한 결과를 표 3.1.4에 나타내었다.

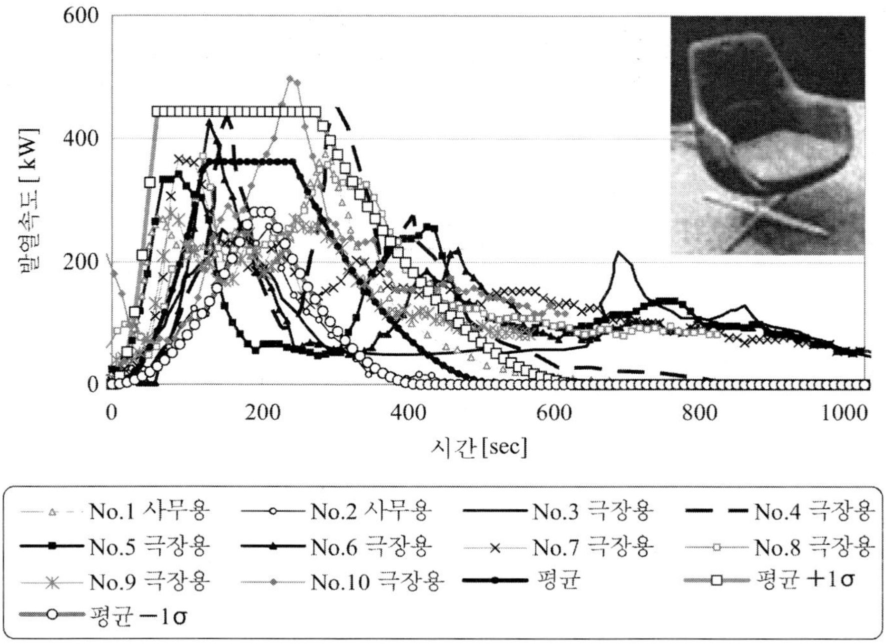

그림 3.1.2 쿠션 의자의 발열속도

표 3.1.4 발열속도를 나타내는 파라미터(쿠션 의자)

파라미터	평균치 μ	표준편차 σ	변동계수	$\mu+\sigma$	$\mu-\sigma$
화재성장율 α [kW/s²]	0.0400	0.0311	0.777	0.0711	0.0089
화재감쇠율 α_d [kW/s²]	0.0054	0.0028	0.529	0.0082	0.0026
최대발열속도 $Q_{\max}$ [kW]	362	82	0.23	444	280
정상연소시간 $t_{\max}-t_{grow}$ [s]	118	94	0.8	212	24

(b) 경질 플라스틱 의자

경질 플라스틱 의자의 앉는 부분과 등받이는 수지계의 제품으로 구성되어 있으며, 쿠션 재료는 거의 이용되지 않는다. 기존 연소 실험에 사용된 의자의 특징을 표 3.1.5에 나타내었다. 경기장용 의자(No 1, 2)는 고밀도 폴리에틸렌제이다. 사무용 의자는 폴리에틸렌제의 팔걸이 의자(No. 3)와 고분자계의 회전의자(No. 4～7)가 있다. 높이는 0.75～0.82 m, 폭은 0.45～0.58 m, 깊이는 0.45～0.53 m, 무게는 10.8～17.7 kg이다.

표 3.1.5 경질 플라스틱 의자의 개요						
No	제품명	주된 구성 재료	높이[m]	폭[m]	길이[m]	중량[kg]
1	경기장 의자	고밀도 폴리에틸렌	-	-	-	-
2	경기장 의자	고밀도 폴리에틸렌	-	-	-	-
3	사무용 안락 의자	고밀도 폴리에틸렌	0.81	0.58	0.53	11.3
4	사무용 회전 의자	고분자계 재료	0.77	0.45	0.47	11.7
5	사무용 회전 의자	고분자계 재료	0.76	0.45	0.48	13.9
6	사무용 회전 의자	고분자계 재료	0.82	0.50	0.50	17.7
7	사무용 회전 의자	고분자계 재료	0.75	0.54	0.45	10.8
평균값			0.78	0.5	0.49	13.1
최대값			0.82	0.58	0.53	17.7
최소값			0.75	0.45	0.45	10.8

근처에 놓인 쓰레기통에 점화

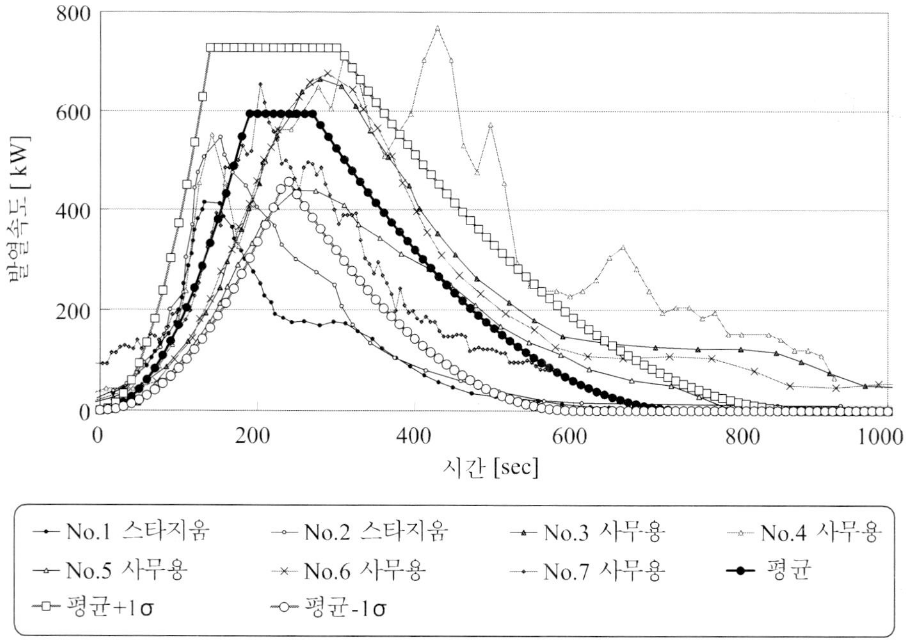

그림 3.1.3 경질 플라스틱 의자의 발열속도

경기장용 의자(No. 1～2)와 팔걸이 의자(No. 3)는 의자에 직접, 사무용 회전의자(No. 4～7)는 우유팩을 넣은 쓰레기통을 인접하게 두어 점화하였다. 그림 3.1.3에 시간에 따른 발열속도를 나타내었다. 이 타입의 의자는 경질 플라스틱 재료가 녹으면서 불꽃이 확대되고 최대 발열 속도에 이른다. 최대 발열속도는 200~650 kW이다. 표 3.1.6에 발열속도를 나타내는 파라미터를 제시하였다. 화재성장율은 0.019 ± 0.0087 kW/s^2, 정상연소시간은 83 ± 81 s가 되며 1인용 플라스틱계 의자(쿠션 있음)보다 약간 작다. 한편 최대 발열속도는 594 ± 131 kW가 된다.

표 3.1.6 발열속도를 나타내는 파라미터(1인용 경질 플라스틱 의자)

파라미터	평균치 μ	표준편차 σ	변동계수	$\mu+\sigma$	$\mu-\sigma$
화재성장율 α [kW/s^2]	0.0190	0.0087	0.45	0.028	0.01
화재감쇠율 α_d [kW/s^2]	0.0029	0.0013	0.45	0.0042	0.0016
최대발열속도 $Q_{\max}$ [kW]	594	131	0.22	725	463
정상연소시간 $t_{\max}-t_{grow}$ [s]	83	81	0.98	164	2

(c) 목재계 의자

목재계 의자는 나무틀에 앉는 부분과 뒷면에 얇은 쿠션 재료가 사용되고 있는 의자이다. 표 3.1.7에 주된 구성 재료, 높이, 폭, 깊이, 중량을 나타내었다. 높이는 0.71~0.78 m, 폭은 0.50~0.69 m, 깊이는 0.48~0.89 m, 무게는 1.36~25.8 kg이다.

그림 3.1.4에 발열속도를 나타내었다. 발열속도는 최대치를 나타낸 후 점차적으로 줄어드는 경향이 있다. 최대발열속도는 70~350 kW으로서 플라스틱계 의자에 비하면 작게 나타났다. 발열속도에 관련된 파라미터를 표 3.1.8에 나타내었다. 화재성장율은 0.014 ± 0.012 kW/s^2, 정상연소기간은 76 ± 105 s이다. 최대발열속도는 146 ± 197 kW가 되어 플라스틱계 의자의 절반 정도로 나타났다.

표 3.1.8 발열속도를 나타내는 파라미터(1인용 목재계 의자)

파라미터	평균치 μ	표준편차 σ	변동계수	$\mu+\sigma$	$\mu-\sigma$
화재성장율 α [kW/s^2]	0.014	0.012	0.83	0.026	0.002
화재감쇠율 α_d [kW/s^2]	0.006	0.005	0.86	0.011	0.001
최대발열속도 $Q_{\max}$ [kW]	143	100	0.67	243	43
정상연소시간 $t_{\max}-t_{grow}$ [s]	76	105	1.38	181	-

표 3.1.7 목재계 의자의 개요

No	제품명	주된 구성 재료	높이 [m]	폭 [m]	길이 [m]	중량 [kg]
1	가정용	목재프레임, 얇은 라텍스 폼과 면 혼합 속재, 섬유커버	0.76	0.61	0.64	11.2
2	가정용	철제프레임, 나무골조, 팔걸이, 얇은 라텍스 폼과 면 혼합 속재	0.77	0.61	0.89	20.8
3	가정용	목재프레임, 폴리우레탄 쿠션, 섬유 커버	0.71	0.69	0.76	15.7
4	가정용	목재프레임, 폴리우레탄 쿠션, 아크릴섬유커버	0.78	0.55	0.65	5.1
5	가정용	팔걸이 없음, 나무골조, 폴리우레탄 쿠션, 섬유커버	0.78	0.55	0.65	5.1
6	가정용	No.5와 동일	-	-	-	-
7	가정용	팔걸이 없음, 나무골조, 폴리우레탄 쿠션, 폴리에스테르 섬유커버	-	-	-	-
8	가정용	팔걸이 없음, 나무골조, 폴리우레탄 쿠션, 폴리에스테르 섬유커버	-	-	-	-
9	가정용	팔걸이 없음, 나무골조, 폴리우레탄 쿠션, 섬유커버	-	-	-	-
10	가정용	팔걸이 없음, 나무골조, 폴리우레탄 쿠션, 섬유커버	-	-	-	-
11	가정용	팔걸이 없음, 나무골조, 폴리우레탄 쿠션, 섬유커버	-	-	-	-
12	가정용	앉는 부분과 등받이 폴리우레탄 쿠션, 직물과 면 혼합	-	0.5	0.5	1.37
13	가정용	앉는 부분과 등받이 폴리우레탄 쿠션, 직물과 면 혼합	-	0.5	0.5	1.36
14	가정용	나무골조, 팔걸이, 쿠션불명, 섬유커버	-	-	-	25.8
평균값			0.76	0.57	0.66	10.8
최대값			0.78	0.69	0.89	25.8
최소값			0.71	0.5	0.48	1.36

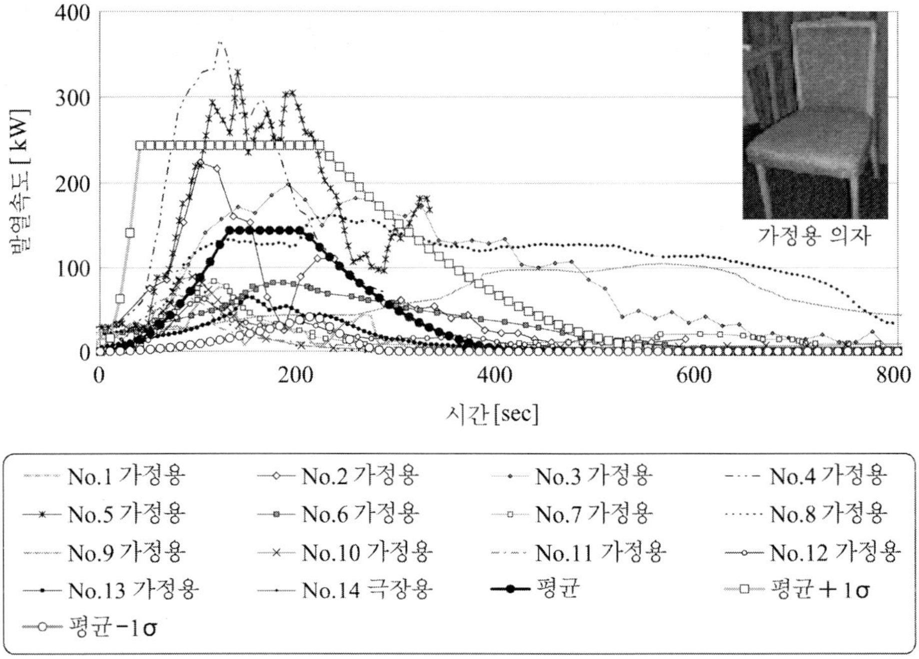

그림 3.1.4 목재계 의자의 발열속도

(d) 1인용 소파

1인용 소파는 치수, 중량도 크고 앉는 부분, 팔걸이, 등받이도 큰 쿠션재로 구성되어 있으므로 소파 전체가 쿠션으로 이루어져 있다고 볼 수 있다. 표 3.1.9에는 실험에 이용된 소파의 주된 구성 재료, 높이 폭, 깊이, 중량을 나타내었다. 높이는 0.48∼0.81 m, 폭은 0.79∼0.91 m, 깊이는 0.50∼0.91 m, 무게는 11.5∼28.3 kg으로 측정되었다.

그림 3.1.5에 발열속도를 나타내었다. 화재성장율은 크며, 최대발열속도는 약 1000∼2000 kW이다. 1인용 소파의 경우에는 소파 전체가 동시에 연소되기 쉽기 때문에 최대발열속도가 큰 것으로 판단된다. 최대발열속도를 나타낸 후 발열속도가 비교적 빨리 감쇠되었다. 표 3.1.10에 파리미터값을 나타내었다. 화재성장율은 0.11 ± 0.058 kW/s^2, 최대발열속도는 1,185 ± 422 kW이다. 한편 정상연소시간은 55 ± 48 s로 비교적 짧게 측정되었다.

표 3.1.9 1인용 소파의 개요						
No	제품명	주된 구성 재료	높이[m]	폭[m]	길이[m]	중량[kg]
1	1인용소파	목제 프레임, 폴리우레탄 쿠션, 섬유커버	0.76	0.84	0.84	
2	1인용소파	목제 프레임, 폴리우레탄 쿠션, 폴리에틴렌 섬유커버	0.81	0.84	0.84	28.3
3	1인용소파	목제 다리, 폴리스티렌 프레임, 폴리우레탄 쿠션	0.81	0.91	0.91	11.5
4	1인용소파	불명	-	-	-	-
5	1인용소파	폴리에스테르 합성섬유 커버, 폴리에스테르 폼 쿠션	-	-	-	-
6	1인용소파	폴리에스테르 합성섬유 커버, 폴리에스테르 폼 쿠션	-	-	-	-
7	1인용소파	폴리에스테르 합성섬유 커버, 폴리에스테르 폼 쿠션	-	-	-	-
8	1인용소파	폴리에스테르 합성섬유 커버, 폴리에스테르 폼 쿠션	-	-	-	-
9	1인용소파	폴리에스테르 합성섬유 커버, 폴리에스테르 폼 쿠션	-	-	-	-
10	1인용소파	폴리에스테르 코튼 커버, 폴리우레탄 쿠션	-	-	-	-
11	1인용소파	나일론 커버, 폴리우레탄 쿠션	-	-	-	-
12	1인용소파	폴리프로필렌 섬유 커버, 폴리우레탄 쿠션	-	-	-	-
13	1인용소파	불명	-	-	-	-
14	1인용소파	목제 프레임, 난연처리된 쿠션	0.48	0.78	0.50	-
평균값			0.73	0.83	0.75	19.9
최대값			0.81	0.91	0.91	28.3
최소값			0.48	0.78	0.50	11.5

표 3.1.10 발열속도를 나타내는 파라미터(1인용 소파)					
파라미터	평균치 μ	표준편차 σ	변동계수	$\mu+\sigma$	$\mu-\sigma$
화재성장율 α [kW/s²]	0.11	0.058	0.53	0.168	0.052
화재감쇠율 α_d [kW/s²]	0.066	0.055	0.84	0.121	0.011
최대발열속도 $Q_{\max}$ [kW]	1185	422	0.34	1607	763
정상연소시간 $t_{\max}-t_{grow}$ [s]	56	48	0.86	104	8

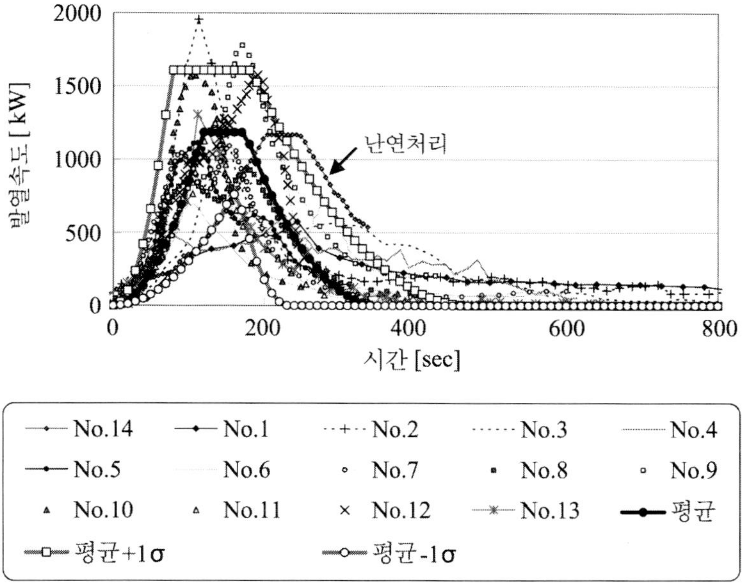

그림 3.1.5 1인용 소파의 발열속도곡선

(3) 방법 2 : 가연물명과 치수로부터 추정

가연물명을 파악하여도 매트리스나 크리스마스트리 같이 치수가 상이한 것이 많다. 이러한 타입의 가연물의 경우, 치수에 따라 시간에 따른 발열속도를 변화시키는 방법이 제안되고 있다. 그림 3.1.6에 나타낸 바와 같이 발열속도를 나타내는 4가지의 파라미터에 대하여 치수가 다른 샘플을 사용하여 실험데이터를 정리하고 파라미터와 치수의 상관관계를 이용하는 방법이다. 화재성장율 및 화재감쇠율에 대해서는 부피 밀도 등의 소재 특성에 대한 의존성을 무시할 수 있으면 단순 평균을 이용한다. 최대발열속도(Q_{max} [kW])는 그래프의 면적, 통상 연소지속시간($t_{max} - t_{grow}$ [s])은 총발열량(THR)을 통하여 중량과의 상관관계를 추정한다.[11)]

크리스마스트리는 치수와 발열속도의 관계를 분석할 수 있는 양의 데이터가 측정되어 있다. 더불어 크리스마스트리의 소재의 편차는 작다. 건조상태의 크리스마스트리는 바깥치수와 중량을 설명변수로 하여 상관관계식이 작성되고 있다. 그림 3.1.7에는 기존의 연소 실험에서 이용된 크리스마스트리의 높이와 직경의 관계를 나타내었다.

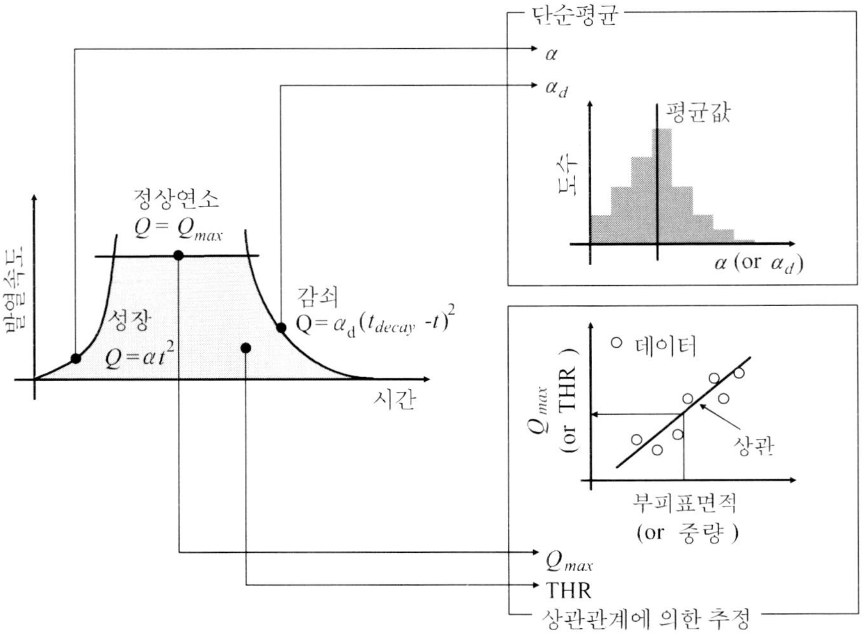

그림 3.1.6 치수 의존성을 고려한 파라미터의 추정 방법

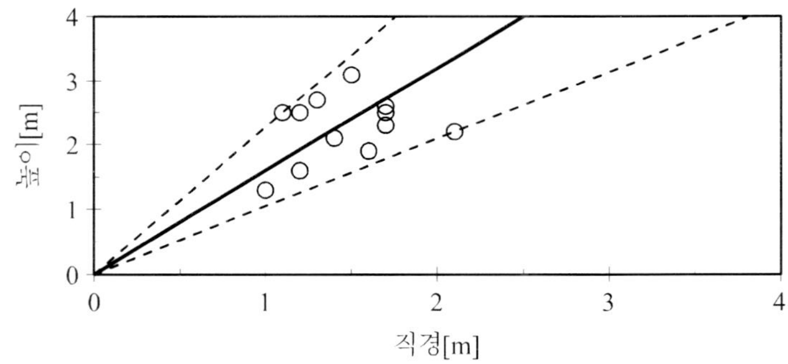

그림 3.1.7 기존 실험에 사용된 크리스마스트리의 높이와 직경 관계

(a) 화재성장률

그림 3.1.8의 측정치로부터 화재성장율을 도출한 결과를 그림 3.1.9에 나타내었다. 대부분의 데이터에서 화재성장률은 1.0 kW/s^2 정도이지만 특히 빠른 것도 있었으며 평균치는 3.14 kW/s^2, 표준편차는 2.66 kW/s^{2}이다.

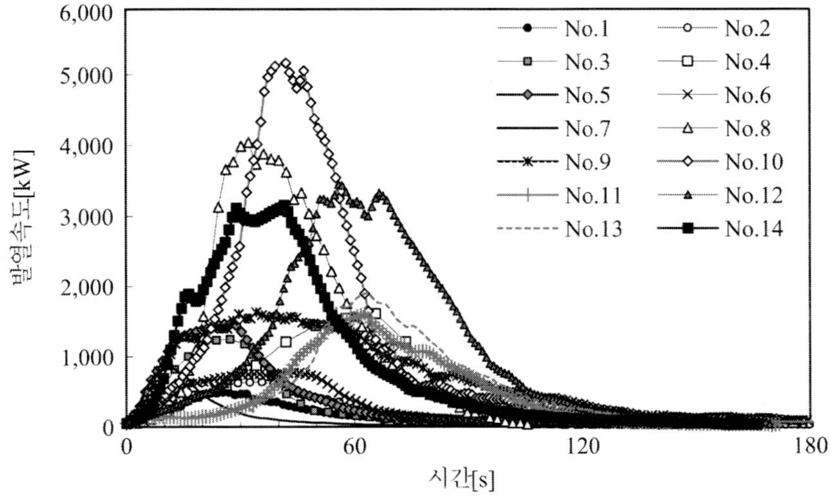

그림 3.1.8 기존 실험에서의 크리스마스트리 발열속도의 측정치

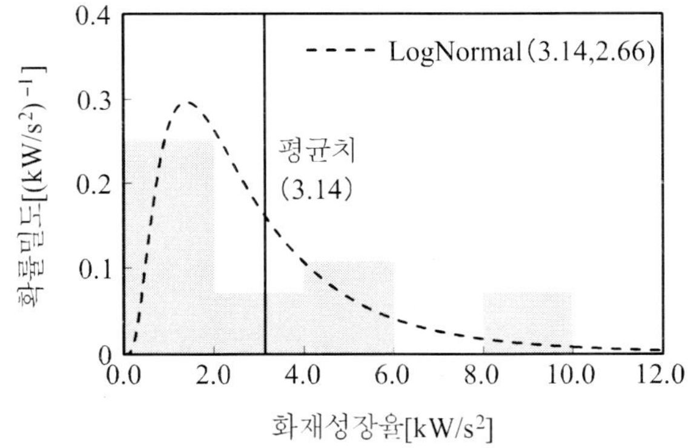

그림 3.1.9 화재성장률의 도수분포(평균치 : 3.14, 표준편차 : 2.66)

(b) 최대발열속도

그림 3.1.8의 측정치에서 최대가열속도를 구하고, 부피 표면적과의 상관관계를 고려하면 그림 3.1.10에 나타낸 바와 같이 다음 식으로 표현된다.

$$Q_{max} = (278 \pm 126) \times (A_f - 2.49) \tag{3.1.4}$$

Q_{max}는 최대발열속도[kW], A_f는 표면적[m^2]을 나타내며 그림 3.1.11과 같이 가연물에 외접하는 원통(지름 D, 높이 H)을 생각하였을 때 원통의 표면적(측면 및 상면)이다.

$$A_f = \pi(DH + D^2/4)$$

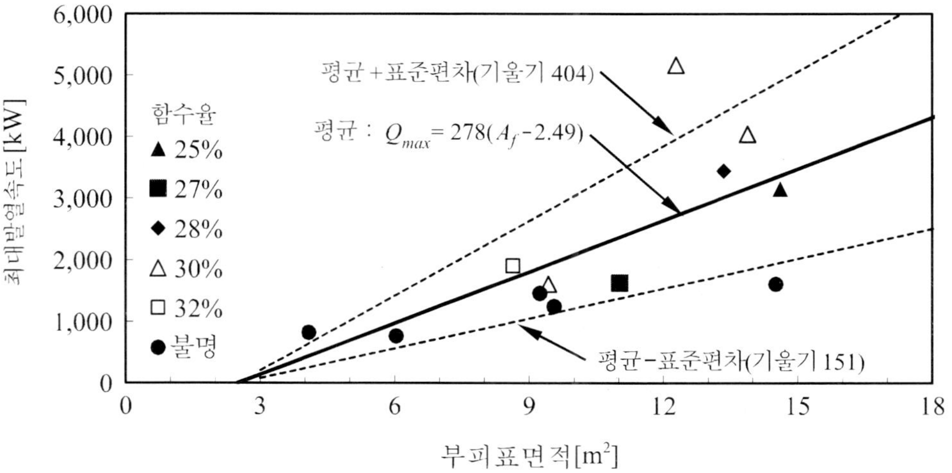

그림 3.1.10 부피표면적과 최대발열속도의 상관관계($Q_{\max}/A_f = 278 \pm 126\,\mathrm{kW/m^2}$)

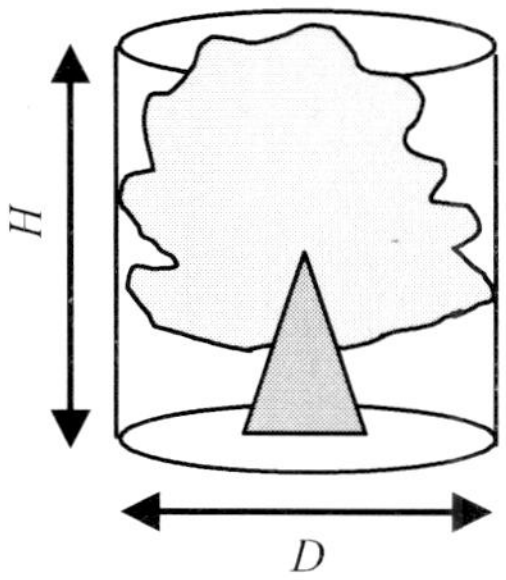

그림 3.1.11 크리스마스트리 모양의 수치화

(c) 총발열량 및 연소지속시간

총 발열량 THR [MJ]와 중량 W [kg]의 상관관계를 분석한 결과를 그림 3.1.12에 나타내었다. 무게와 총 발열량은 다음 식과 관계가 있다.

$$THR = (10.3 \pm 2.3)(W - 2.59) \tag{3.1.6}$$

연소지속시간은 총 발열량 THR을 구한 후에 다음 식에서 계산된다.

$$t_{\max} - t_{grow} = \frac{THR}{Q_{\max}} - \left(\frac{1}{\alpha^{1/2}} + \frac{1}{\alpha_d^{1/2}}\right)\frac{Q_{\max}^{1/2}}{3} \approx \frac{THR}{Q_{\max}} \tag{3.1.7}$$

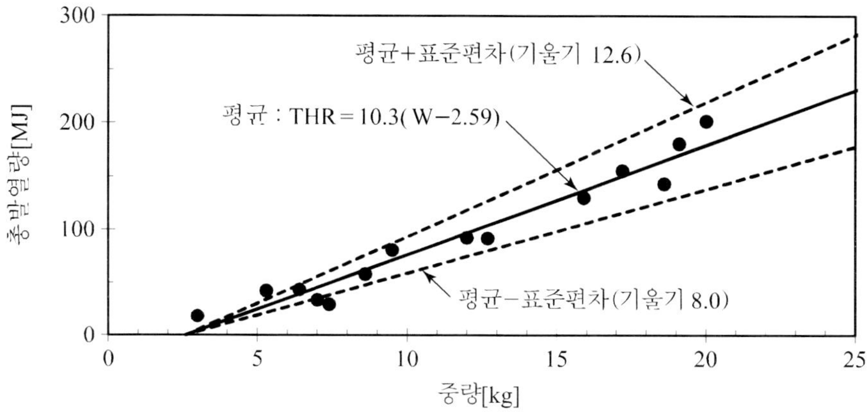

그림 3.1.12 중량과 총발열량과의 상관관계

(d) 화재 감쇠율

화재 감쇠율 α_d [kW/s^2]에 대해서는 부피밀도 등을 생략하고 단순 평균치와 표준편차를 구하면 다음 식이 도출된다.

$$a_d = 0.82 \pm 0.68 \tag{3.1.8}$$

(4) 방법 3 : 주재료와 치수로부터 발열속도를 추정하는 방법

가연물의 상세 정보를 설계 단계에서 모르는 경우에는 정확도는 떨어지지만 주된 구성 재료가 목재계나 플라스틱계일 것이라는 정보와 대략적인 치수를 통하여 발열속도를 추정할 수 있다. 이 방법은 목재 가연물과 플라스틱계의 가연물 2가지로 분류하는 방법 2에 해당하는 결과이다.

(a) 가연물 형상의 간략화

가연물의 형상은 복잡하지만 방법 2와 같이 외접하는 원통 또는 직방체로 계산해 부피표면적 및 부피체적으로 하였다. 부피밀도 ρ_b [kg/m^3]은 가연물 중량을 부피로 나눈 값으로 목재 가연물 대부분의 밀도가 50 kg/m^3 정도이다. 플라스틱계 가연물의 경우에는 이보다는 적은 35 kg/m^3 정도이다.

(b) 화재성장률

부피밀도와 화재성장율의 관계를 그림 3.1.13 및 그림 3.1.14에 나타내었다. 부피밀도와의 사이에는 부(−)의 관계가 있고, 밀도가 낮을수록 화재성장율이 빠른 경향을 나타낸다.

- 목재계 가연물 : $\alpha = 15.0/\rho_b^{1.2}$ (3.1.9)
- 플라스틱계 가연물 : $\alpha = 0.311/\rho_b^{0.5}$ (3.1.10)

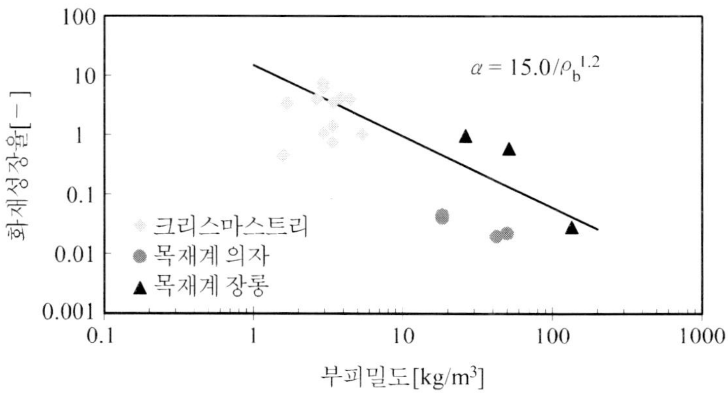

그림 3.1.13 화재성장률과 밀도의 관계(목재 가연물)

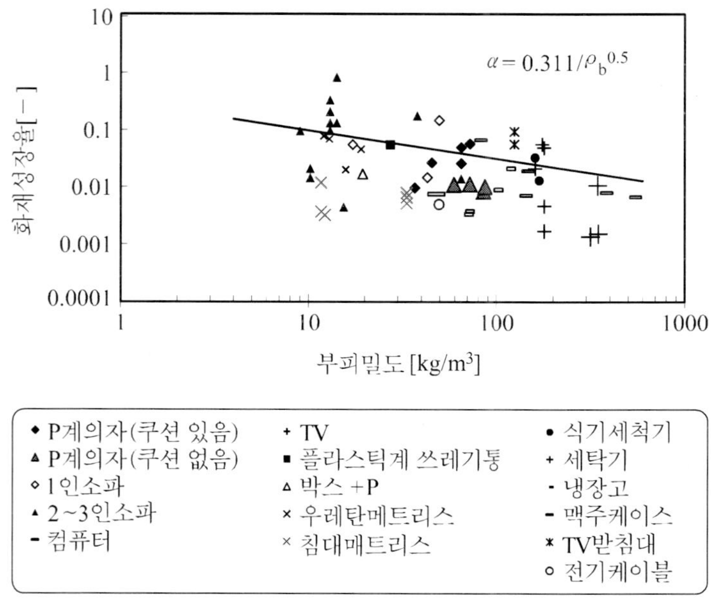

그림 3.1.14 화재성장률과 밀도의 관계(플라스틱계 가연물)

화재성장률이 특히 큰 목재 가연물은 크리스마스트리의 일부, 장롱 등이 있으며, 플라스틱계 가연물은 2~3인용 소파, 텔레비전, TV선반, 식기세척기, 세탁기 등의 대형 가연물이 있다.

(c) 최대발열속도

그림 3.1.15에 목재 가연물의 최대발열속도와 부피표면적의 관계를 나타내었다.

- 목재계 가연물 : $Q_{max} = (148 \pm 90) A_f$ (3.1.11)
- 플라스틱계 가연물 : $Q_{max} = (272 \pm 204) A_f$ (3.1.12)

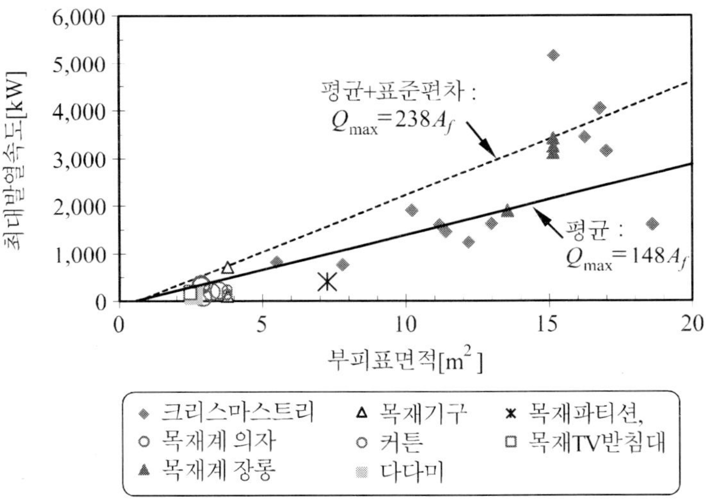

그림 3.1.15 최대발열속도와 부피표면적 관계(목재계 가연물 $Q_{max}/A_f = 148 \pm 90\,\mathrm{kW/m^2}$)

전반적으로 부피 표면적과 최대 가열 속도는 비례하는 것으로 판단된다. 크리스마스트리, 커튼 등의 얇은 재료로 구성되어 있는 것은 부피 표면적보다 실제 표면적이 크므로, 부피 표면적당의 최대발열속도는 외관상 크게 나타난다. 한편 부피표면적이 매우 큰 물품(크리스마스트리, 목재계 장롱 등)에서는 스케일 효과 때문에 최대발열속도도 커지는 것을 알 수 있다. 플라스틱 계 가연물에 대해 모두 정리한 결과를 그림 3.1.16에 나타내었다. 목재 가연물과 같이 부피 표면적과 최대발열속도는 비례 관계에 있다. 표면적당의 최대발열속도가 큰 물품은 소파, 파티션 등이다.

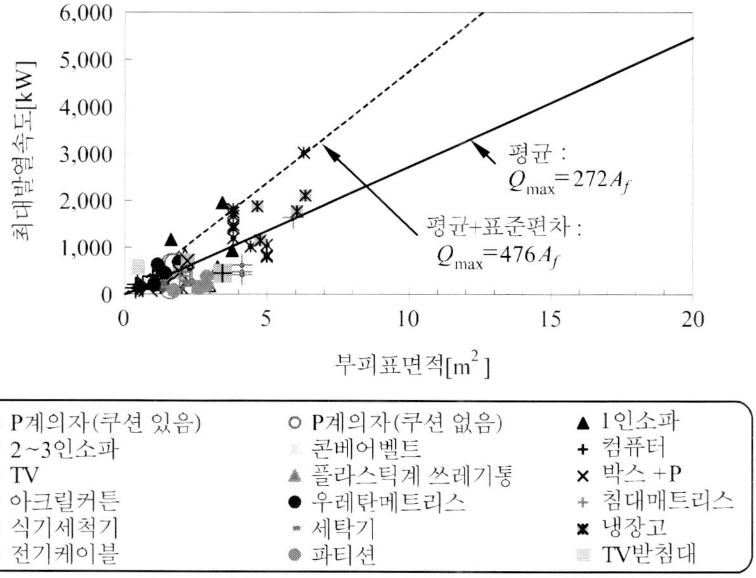

그림 3.1.16 최대발열속도와 표면적 관계(플라스틱계 가연물 $Q_{max}/A_f = 272 \pm 204\,\mathrm{kW/m^2}$)

(d) 총발열량

총 발열량 THR [MJ]과 중량 W [kg]의 상관관계를 그림 3.1.17 및 그림 3.1.18에 나타내었다. 목재 가연물에서는 총 발열량과 중량은 비례 관계이고, 목재의 단위 무게당 발열량은 16 MJ/kg 정도이지만, 가연물 전체의 무게 정도로 나타내면 이보다 약간 작은 값이 된다.

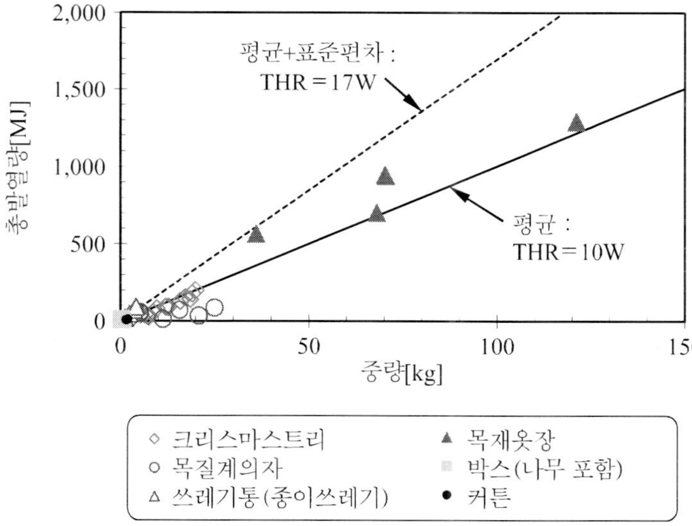

그림 3.1.17 총발열량과 중량 관계(목제 가연물 $\mathrm{THR/W} = 10 \pm 7\,\mathrm{MJ/kg}$)

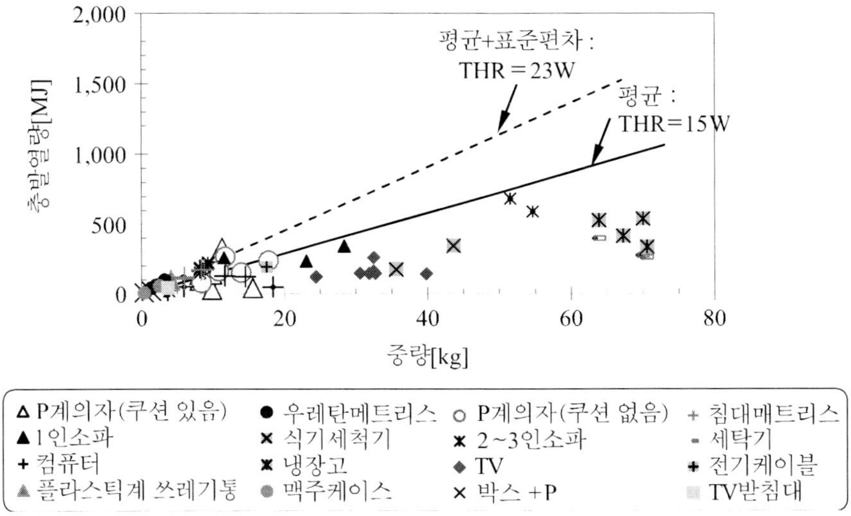

그림 3.1.18 총발열량과 중량 관계(플라스틱 가연물 THR/W = 15 ± 8 MJ/kg)

- 목재계 가연물 : $THR = (10 \pm 7)$ W
- 플라스틱계 가연물 : $THR = (15 \pm 8)$ W

플라스틱계 가연물이 목재계 가연물보다 약간 편차가 크다. 플라스틱은 목재에 비해 다양하다. 경질 플라스틱과 연질 플라스틱에서는 단위무게 당 발열량이 다르고, 텔레비전, 세탁기 등 가전제품에는 플라스틱 이외의 재료를 다양하게 사용하고 있으며, 소파에 대해서도 프레임이나 스프링에 금속 등의 불연재를 사용하기 때문이다.

(e) 화재 감쇠율

화재 감쇠율은 부피밀도에 의존하는 것으로 고려되었으나, 유의한 상관관계를 얻을 수 없으므로 부피밀도와의 상관관계를 무시하면 다음의 식을 얻을 수 있다.

- 목재계 가연물 : $\alpha_d = 0.34 \pm 0.56$ (3.1.15)
- 플라스틱계 가연물 : $\alpha_d = 0.035 \pm 0.059$ (3.1.16)

(f) 발열속도의 설계용 계산식 작성 방법

실무적인 설계식에서는 발열속도를 좀 크게 가정하는 것이 필요하다. 화재 성장률, 최대발열속도, 총 발열량의 상관관계식 비례 계수에 대해서는, 평균치에 표준편차를 더한 값을 이용하는 것으로 하면 목재계 가연물에 대해서는 성장 과정에서 80%, 최대발열속도로 85%, 플라스틱 계 가연물에 대해서는 성장 과정에서 82%, 최대발열속도로 88%의 측정치를 포함할 수 있다.

3.2 국소화재 및 이동화재를 고려한 설계화재성상

> 국소화재 및 이동화재를 선택하는 경우, 화재구획 내의 가연물 조건에 따라 설계화재성상을 적절히 산정한다.

(1) 가연물의 발열속도

> 가연물의 발열속도는 화재구획 내의 가연물 조건을 고려해 상정된 가연물을 설정하고, 국소화재 또는 이동화재를 선택하여 적절히 산정한다.
> (1) 국소화재
> (2) 이동화재

– 해설 –

단독체의 가연물이 연소될 때, 연소하는 가연물에 근접한 다른 가연물로 연소가 확대되지 않으면 그 화재는 국소적인 연소로 끝난 국소화재가 되다. 이런 경우 단독체 가연물의 발열속도를 설계화재성상으로 설정한다.

한편, 가연물이 어느 정도 간격으로 배치된 공간에서는 발화된 가연물이 연소하면서 근접하는 가연물로 연소확대 되는 경우가 있다. 이때, 가연물 조건에 따라서는 연소하는 가연물의 범위가 한정되면서 화원이 이동하여 화재가 계속 진전되는 경우가 있다. 이런 경우는 복수의 가연물의 발열속도 합계치를 이동화재의 설계화재성상으로 설정한다.

국소화재 및 이동화재를 가정할 경우, 대규모 혹은 개방적인 공간을 대상으로 할 경우가 많다. 만일 소규모 공간을 대상으로 하는 경우, 가연물 연소에 의한 공간 위에 형성된 연기층으로부터 복사의 영향으로 발열속도가 증가될 것이 예상된다. 그러나 과거의 연구에 의하면, 공간 위의 연기들이 가연물의 발열속도에 영향을 미치는 온도는 대략 200℃ 정도라는 보고가 있다. 피난 안전성을 검토하는 경우, 연기층 온도가 200℃에 도달한 경우 피난상 지장이 있다고 간주할 수 있으므로, 가연물의 발열속도가 연기층의 영향을 받기 전에 대피를 완료해야 한다. 더불어 가연물의 연소 성상이 공간 위 연기층의 영향을 받는 경우, 가연물의 발열속도 최대치는 30% 정도 증가한다는 보고도 있으므로 비교적 소규모 공간에서는 가연물의 발열속도를 30% 정도 더 증가시킬 필요가 있다.

(a) 국소화재

국소화재는 보통 그림 3.2.1과 같은 연소 성상을 나타내는 것이 많고, 연소 시간과 최대 발열 속도는 가연물의 치수, 재질, 중량에 따라 다르다.

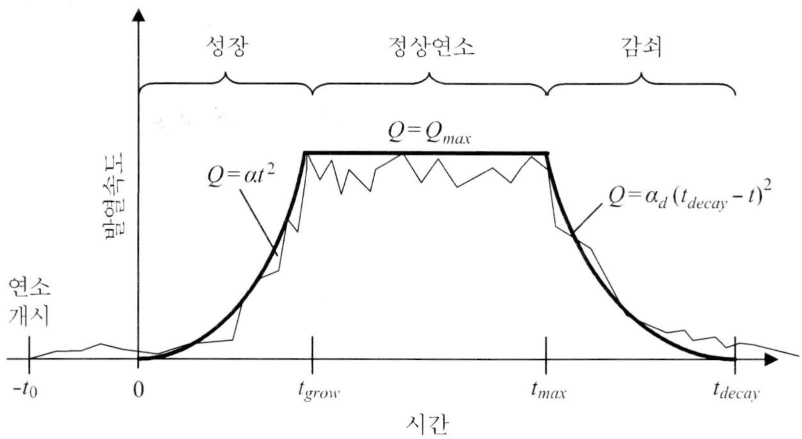

그림 3.2.1 시간에 따른 발열속도 모델화

(b) 이동화재

이동화재 사례로는 착화한 가연물에서 다른 가연물로 연소가 확대되어 복수의 가연물이 일체화 되어 연소하는 화재가 있다. 그림 3.2.2는 가연물 조사로부터 얻어진 사무실 집기를 재현한 연소 실험 결과를 나타낸 것으로서 복수의 가연물이 연소하는 경우도 실험에 의하여 얻어진 발열속도의 시간 경과에 따른 변화를 실선처럼 모델화할 수 있다.

또한 여러 개의 책상이 연결된 가연물 조건을 상정한 경우에도 발화한 책상으로부터 인접한 책상으로의 입사열을 고려하여 그 연소확대 과정을 예측함으로써 가연물의 발열속도를 구할 수 있다.

그림 3.2.2는 책상 4개가 연결된 유니트의 발열속도 개념도를 그림 7.2.3에 나타낸다.

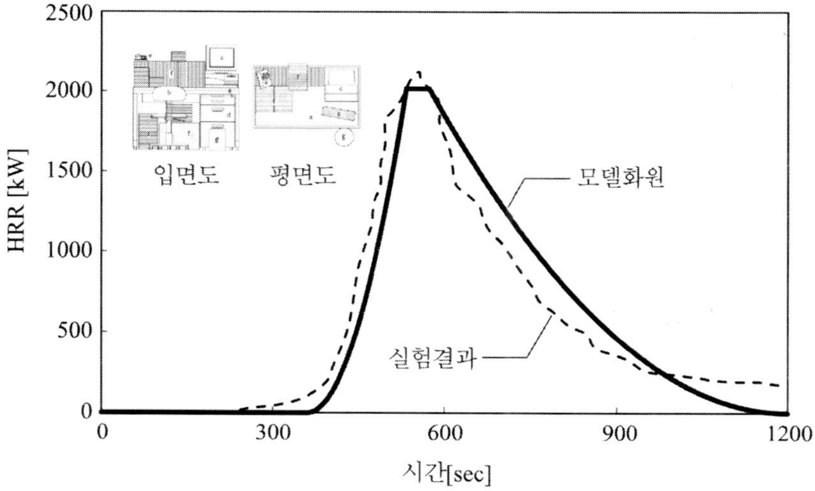

그림 3.2.2 데스크의 발열속도와 연소지속시간

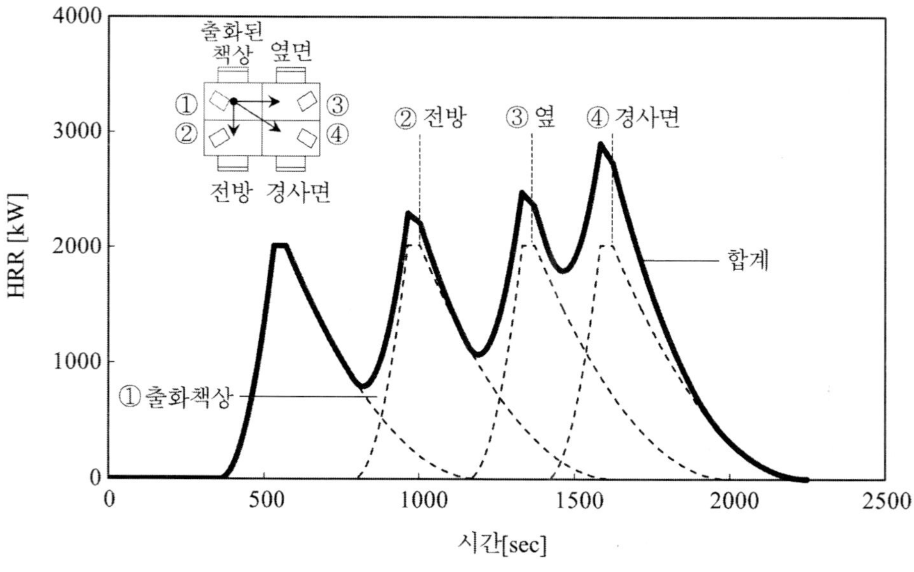

그림 3.2.3 가연물간의 발열속도와 연소지속시간

여기에 그림 3.2.3에 나타낸 바와 같이 각각 가연물의 시간에 따른 발열속도는 가연물에 의한 착화시간의 차이를 고려하여 그림 3.2.2에 나타낸 책상의 발열속도 시간 이력을 모델화한 결과이다. 본래 각 책상의 착화시간은 연소에 따른 화염 형상이나 복사열 등으로부터 산정하는 방법이 있지만 여기에서는 조건을 착화시간으로 하고 있다. 또한 가연물이 벽이나 모서리 등에서 연소하는 경우, 전체 가연물의 시간에 따른 발열속도는 변화되므로 설계화재 성상의 산정에서는 단일 가연물의 발열속도에 안전율을 고려하도록 권장한다.

실내에 다양한 가연물이 설치되어 있는 상황을 가정한 실물 크기 규모의 연소 실험으로는 사무소를 대상으로 한 것[32], 판매시설을 대상으로 한 것[33], 주택의 거실을 대상으로 한 것[34]~[36] 등을 들 수 있다.

또한 그림 3.2.4와 같이 가연물이 규칙적으로 배치된 공간의 경우는, 출화된 가연물로부터 연소 확대되어가면서 출화된 가연물이 순차적으로 완전히 타버림으로써 연소 규모가 한정된 화원이 이동하면서 계속 진행된다.

이러한 경우는 출화가연물에서 각 가연물에 입사하는 열을 고려하고 그 연소 과정을 예측함으로써 가연물의 발열속도를 계산할 수 있다.

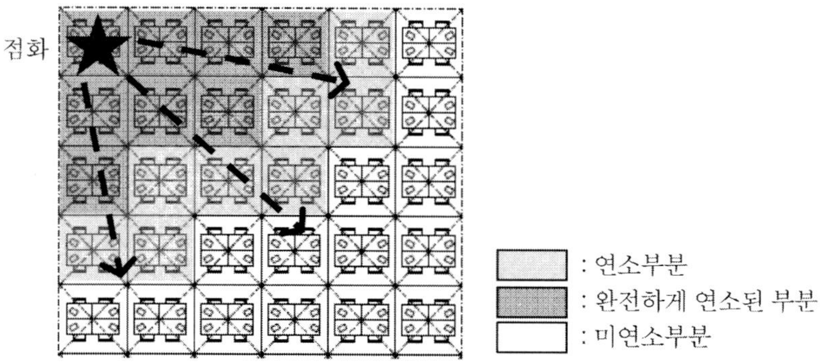

그림 3.2.4 이동화재의 개념도

다음은 가연물이 계속적으로 연소되는 이동화재의 사례를 나타낸다. 그림 3.2.5, 그림 3.2.6은 그림 3.2.3에 나타낸 책상유닛(책상이 4개 늘어선 상태)이 가로 방향으로 0.8 m, 세로 방향으로 2.0 m의 간격으로 7행 6줄로 균등 배치된 공간을 나타낸 그림이다.

그림 3.2.7은 단부의 유닛에서 착화했을 경우의 연소 확대를 예측한 결과를 도시한 그림이다. 그림 중 유닛은 착화한 유닛, 유닛은 연소 중인 유닛, 유닛은 완전하게 타버린 유닛을 나타내었다. 또한 유닛 간의 연소는, 착화 유닛으로부터 인접 유닛에 입사

열을 고려하여, 횡방향 유닛에 연소확대될 시간은 800 [s], 종방향 유닛에 연소확대될 시간은 1800 [s]로 한다. 또 1유닛의 연소 시간은 2400 [s]로 한다.

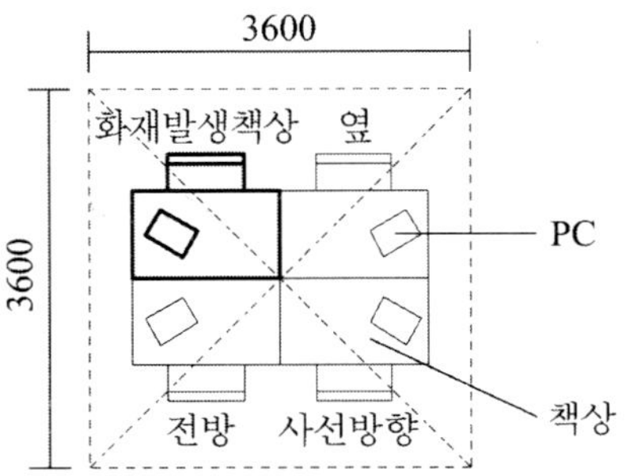

그림 3.2.5 1유니트의 구성[단위 : mm]

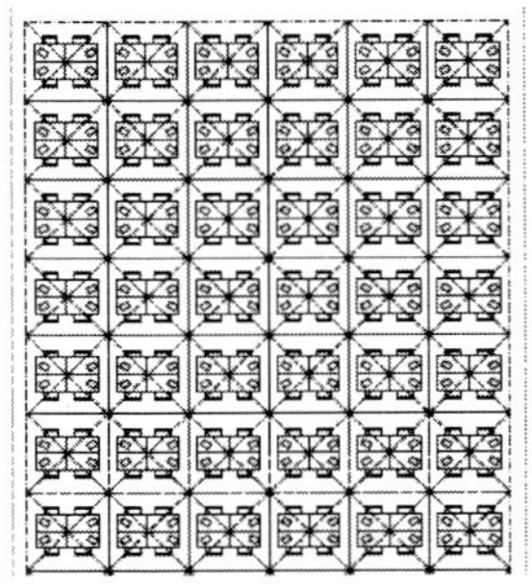

그림 3.2.6 유닛의 배치

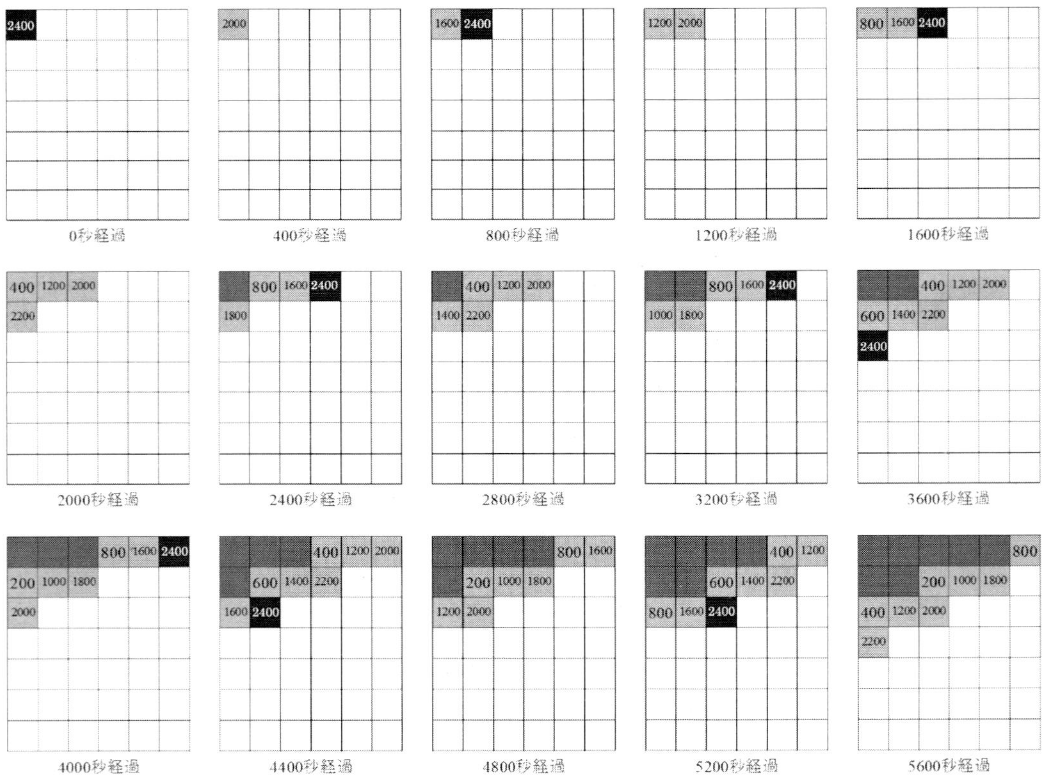

※ 그림 중의 숫자는 해당 가연물이 완전하게 연소되는 시간을 의미함.

그림 3.2.7 유닛 간의 연소 확대(unit : [s])

(2) 화염 형상

> 화염 형상은 가연물과 벽의 위치 관계, 치수, 발열속도, 화원면 기준높이를 적절하게 설정하여 산정한다.

– 해설 –

국소화재 및 이동화재에서 연소하고 있는 가연물 위쪽으로 화염이 형성되는 경우, 그 화염 형상은 가연물의 화재구획 내 위치, 치수, 발열속도, 화원면 기준 높이로부터 산정된다. 여기에서 발열속도는 3.1 및 3.2.1에 나타낸 방법에 근거하여 산정한다.

그림 3.2.8은 단독체의 가연물의 국소적인 연소를 상정한 화염 형상을 촬영한 연속 사진이다. 화원상부의 가연성 가스가 주위의 공기를 끌어들이면서 연소하는 화염을 형성한다. 화염은 항상 화염이 존재하는 영역과 간헐적으로 화염이 존재하는 영역으로 나뉜다. 전자는 「연속화염영역」, 후자는 「간헐화염영역」으로 불리는 이러한 화염을 난류확산화염이라고 한다. 일반 건축물 내에 가연물이 연소한 경우, 가연물상에 난류확산화염이 형성된다. 국소화재를 상정할 경우, 이 화염의 형상을 파악하는 것이 중요하다. 또한 간헐화염영역보다 위쪽에서 화염이 존재하지 않는 영역은 「플륨영역」이라고 부르며 연기성상의 예측에 필요한 요소이다. 또 화원에 형성되는 연속화염영역, 간헐화염영역, 플륨영역의 상승 열기류를 화재플륨이라고 부른다.

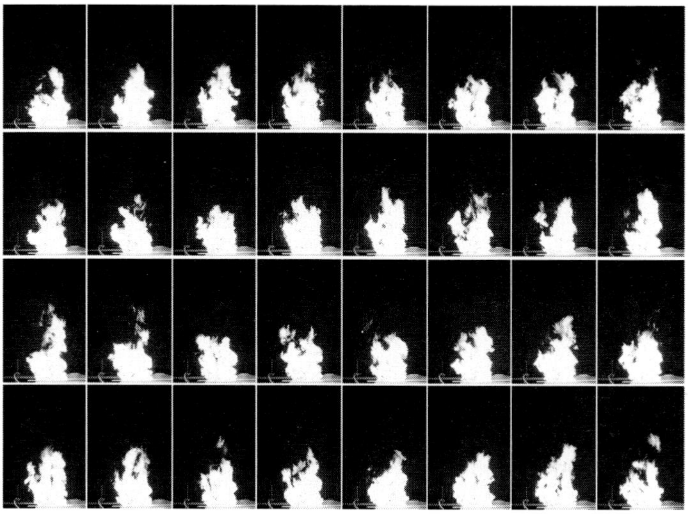

그림 3.2.8 화염 형상의 주기적변동(도시가스 $Q = 380\,\mathrm{kW}$)

<table>
<tr><th colspan="8">표 3.2.1 화염 높이 및 축상온도 분포 산정식</th></tr>
<tr><th rowspan="2">연구자</th><th colspan="3">실험 개요</th><th colspan="3">화염높이 L, 전염길이 R</th><th rowspan="2">축상 온도</th></tr>
<tr><th>화원조건</th><th>형상</th><th>설치위치</th><th>연속</th><th>평균</th><th>간헐</th></tr>
<tr><td rowspan="3">Y. Hasemi</td><td rowspan="3">• 연료 : 가스
• 버너 : 0.2, 0.3, 0.5[m]
• Q^* : 0.4～4</td><td rowspan="8">원형 및 정방형의 화원</td><td>자유
(천장 없음)</td><td>Eq(1)</td><td>Eq(3)</td><td>-</td><td>Eq(19)</td></tr>
<tr><td>벽
(천장 없음)</td><td>Eq(7)</td><td>-</td><td>Eq(8)</td><td>Eq(21)</td></tr>
<tr><td>우각
(천장 없음)</td><td>Eq(9)</td><td>-</td><td>Eq(10)</td><td>Eq(22)</td></tr>
<tr><td>G. Heskestad</td><td>Pool 화재가 많이 포함된, 과거의 실험 데이터 정리(메탄, 프로판가솔린 등)</td><td>자유
(천장 없음)</td><td>-</td><td>Eq(4)</td><td>-</td><td>-</td></tr>
<tr><td>E. E. Zukoski</td><td>• 연료 : 도시가스
• 버너 : 0.1, 0.2, 0.5 [m]
• HRR : 21, 32, 42, 63, 84, 127, 190 [kW]</td><td>자유
(천장 없음)</td><td>-</td><td>Eq(5)</td><td>-</td><td>-</td></tr>
<tr><td>McCaffrey</td><td>• 연료 : 천연가스
• 버너 : 0.3 [m]
• HRR : 14.4, 21.7, 33.0, 44.9, 57.5 [kW]</td><td>자유
(천장 없음)</td><td>Eq(2)</td><td>-</td><td>Eq(6)</td><td>Eq(20)</td></tr>
<tr><td>Yokobayashi</td><td>• 연료 : 프로판 가스
• 버너 : 0.3과 0.5 [m]원형, 1.0 [m]의 정방형 버너
• HRR : 80～750 [kW]
• 천장높이 : 0.4～1.2 [m]</td><td>자유
(천장 있음)</td><td>-</td><td>Eq(12)</td><td>-</td><td>-</td></tr>
<tr><td>B.Y Lattimer</td><td>• 연료 : 프로판 가스
• 정방형 버너 : 0.17, 0.3, 0.5 [m]
• HRR : 50～300 [kW]
• 천장높이 : 2.6 [m]</td><td>우각
(천장있음)</td><td>Eq(11)</td><td>-</td><td>Eq(13)</td><td>-</td></tr>
<tr><td rowspan="2">Y. Hasemi</td><td>• 연료 : 프로판
• 버너 : 0.1 × 1.0 [m], 0.2 × 1.0 [m]
• 가로세로비 : 1～5, 10
• HRR : 20～300 [kW]</td><td rowspan="3">선화원</td><td>자유
(천장 없음)</td><td>-</td><td>Eq(14)</td><td>-</td><td>Eq(23)</td></tr>
<tr><td>• 연료 : 메탄 가스
• 버너 : 0.3 × 2.0 [m]
(0.225 [m]간격으로 분출)</td><td>우각
(천장 없음)</td><td>Eq(15)</td><td>-</td><td>Eq(16)</td><td>Eq(24)</td></tr>
<tr><td>B.Y Lattimer</td><td>• 연료 : 프로판 가스
• 버너 : 0.17～0.5 × 1.22～2.25 [m]
• HRR : 25～300 [kW]
• 천장높이 : 2.6 [m]</td><td>우각
(천장있음)</td><td>Eq(17)</td><td>-</td><td>Eq(18)</td><td>Eq(25)</td></tr>
<tr><td>Y. Ohmiya</td><td>• 연료 : 우레탄 폼
• 폭 × 길이 × 높이 : 250 × 250 × 250 ～1500 × 1500 × 500(하단에 점화)</td><td>입체화원</td><td>자유
(천장 없음)</td><td>-</td><td>3.2.2(1)(c) 참고</td><td>-</td><td>-</td></tr>
</table>

※ 표의 수식 번호는 표 3.2.2～표 3.2.10과 동일하다.

화염 형상 속에서 화염 높이는, 발열속도나 화원의 대표치수 등으로부터 산정하는 실험식이 제안되고 있다. 표 3.2.1은 그 대표적인 산정식을 정리한 일람표이다. 아울러 축상온도 분포 산정식도 소개하고 있다. 또한 표 3.2.1 중의 전염길이 R은 화염이 천장에 충돌하여, 천장면 밑으로 확산될 때 화원 직상점에서 화염 선단까지의 거리를 말한다.

(a) 화염 높이

난류확산화염은 화염 모양이 시시각각으로 변화한다. 과거에 실시된 실험 등으로부터 연속화염영역의 화염 선단의 높이를 [연속화염높이 L_C], 간헐화염영역의 화염의 선단의 높이를 [간헐화염 높이 L_i], 화염이 시간적으로 50%의 비율로 존재하는 부분의 높이를 [평균화염높이 L_m] 정의하고, 화염 높이의 산정식이 구해지고 있다. 여기서 취급하는 화염 높이는 그림 3.2.9와 같이 정의하고 그 화염 높이의 산정 방법에 대하여 설명한다.

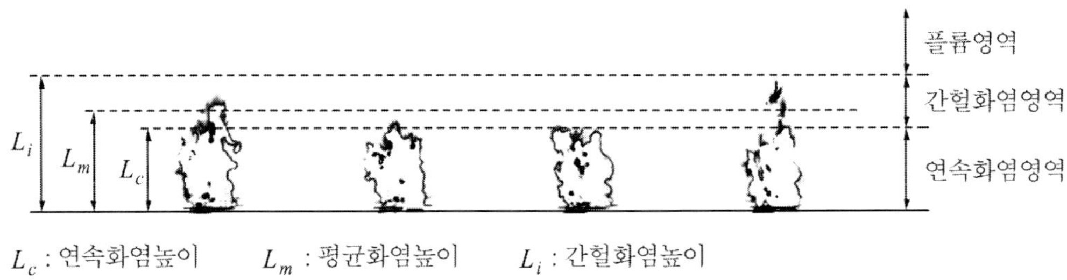

그림 3.2.9 화염역과 화염 높이

① 원형 및 정방형의 화원

화염의 높이는 화원의 치수와 관계하지만 여기에서는 우선 원형 및 정방형의 화원에 대해 정리하였다. 그림 3.2.10은 원형 또는 정방형화원면에 대한 연속화염높이 L_C/D와 무차원발열속도 Q^*의 관계를 정리한 결과이다. 그림 3.2.10은 화원과 벽체의 위치 관계를 고려하고 있다. 이 결과로부터 자유공간 < 벽 < 우각부 순으로 화염 높이가 높아지는 경향을 보이며, 화원과 벽체의 위치 관계가 화염 성상에 영향을 미친다는 사실을 알 수 있다. 그림 3.2.10에서는 실험 결과를 정리할 때, 화염 높이의 계산면은 화원 상면이다. 이 화염 높이의 계산면 산정방법에 대해서는 다음에 나타낸다.

그림 3.2.10에서 제시한 실험결과 등을 바탕으로 다음과 같은 화염 높이의 산정식이 제안된다.

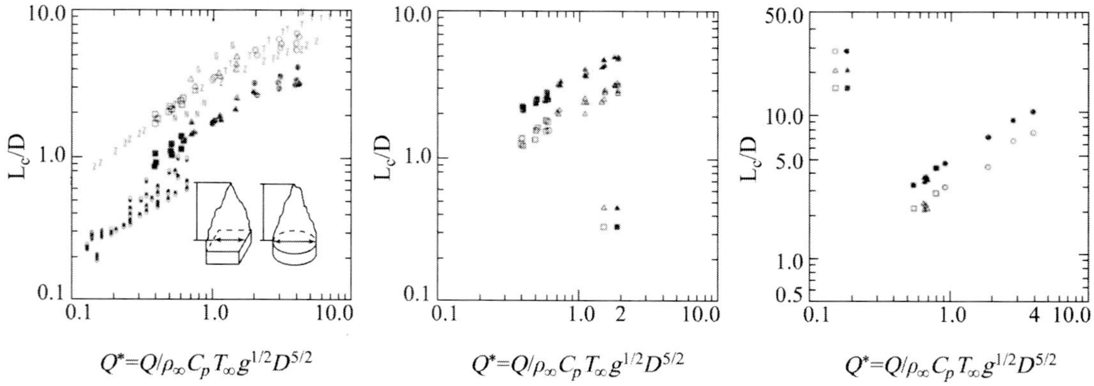

(a) 자유공간 (b) 벽체 (c) 우각부

그림 3.2.10 화염높이 L_C/D와 무차원 발열속도 Q^*(화원형상 : 원형 및 정방형)

$$L = \gamma Q^{*n} D \tag{3.2.1}$$

여기서, D : 대표길이(화염의 폭, 직경)[m]

L : 화염 높이[m]

Q^* : 무차원 발열속도[−]

γ : 실험정수[−]

γ 및 n은 실험에서 구할 수 있고, 화원면이 원형 또는 사각형의 조건에서는 평균화염 높이는 γ = 3.4, Q^* < 1.0일 때, n = 2/3, 1.0 < Q^*일 때 n = 2/5가 제안된다.[37)]

표 3.2.2～표 3.2.5에 화염 높이의 대표적인 산정식을 정리하였다. 여기서 화염 높이의 산정식 중 무차원발열속도 Q^*는 식 (3.2.2)에 의해 나타낼 수 있다.

$$Q^* = \frac{Q}{C_P \rho_0 T_0 \sqrt{g}\, D^{5/2}} = \frac{Q}{1116 D^{5/2}} \tag{3.2.2}$$

여기서, D : 대표길이(화염의 폭, 치수)[m]

Q : 발열속도[kW]

T_0 : 공기온도[K]

C_p : 정압비열[kJ/kgK]

g : 중력가속도[m/s^2]

ρ_0 : 공기밀도[kg/m^3]

표 3.2.2 자유공간 중의 화염 높이

1) 연속화염높이

산정식	식번호	출처
$L_c = \gamma D \begin{cases} Q^{*2/3} & (Q^* < 1) \\ Q^{*2/5} & (1 \le Q^*) \end{cases} \quad (\gamma = 1.8)$	Eq(1)	Fire Science and Technology, Vol.4(1), pp15-26, 1984
(참고) $L_C = 0.08 Q^{2/5}$	Eq(2)	NBSIR79-1910, 1979

여기서, D : 대표길이(화원의 폭, 치수)[m]
L_c : 연속화염높이[m]
Q : 발열속도[kW]
Q^* : 무차원발열속도[－]

2) 평균화염 높이

산정식	식번호	출처
$L_m = \gamma D \begin{cases} Q^{*2/3} & (Q^* < 1) \\ Q^{*2/5} & (1 \le Q^*) \end{cases} \quad (\gamma = 3.4)$	Eq(3)	Fire Science and Technology, Vol.4(1), pp15-26, 1984
(참고) $L_m = -1.02D + 0.23Q^{2/5}$	Eq(4)	Fire Safety Journal, Vol.5, pp103-108, 1983
(참고) $L_c = kD \begin{cases} Q^{*2/3} & (Q^* < 1) \\ Q^{*2/5} & (1 \le Q^*) \end{cases} \quad (k = 3.3)$	Eq(5)	Fire Safety Journal, Vol.3, pp107-121, 1980

여기서, D : 화원의 대표길이(화원의 폭, 직경)[m]
L_m : 평균화염높이[m]
Q : 발열속도[kW]
Q^* : 무차원발열속도[－]

3) 간헐화염높이

산정식	식번호	출처
$L_i = 0.2 Q^{2/5}$	Eq(6)	NBSIR79-1910, 1979

여기서, L_i : 간헐화염높이[m]
Q : 발열속도[kW]

표 3.2.3 벽면의 화염 높이		
1) 연속화염높이		
산정식	식번호	출처
$L_C = 2.2Q^{2/5}D$	Eq(7)	Combustion Science and Technology, Vol. 40, pp 1-17, 1984
여기서, D : 대표길이(화원의 폭, 직경)[m] L_c : 연속화염높이[m] Q^* : 무차원발열속도[−]		
2) 간헐화염높이		
산정식	식번호	출처
$L_i = 3.5Q^{*2/5}D$	Eq(8)	Combustion Science and Technology, Vol. 40, pp 1-17, 1984
여기서, D : 대표길이(화원의 폭, 직경)[m] L_i : 간헐화염높이[m] Q^* : 무차원발열속도[kW]		

표 3.2.4 우각부의 화염 높이		
1) 연속화염높이		
산정식	식번호	출처
$L_C = 3.0Q^{2/3}D$	Eq(9)	Combustion Science and Technology, Vol. 40, pp 1-17, 1984
여기서, D : 대표길이(화원의 폭, 직경)[m] L_c : 연속화염높이[m] Q^* : 무차원발열속도[−]		
2) 간헐화염높이		
산정식	식번호	출처
$L_i = 4.3Q^{*2/3}D$	Eq(10)	Combustion Science and Technology, Vol. 40, pp 1-17, 1984
여기서, D : 대표길이(화원의 폭, 직경)[m] L_i : 간헐화염높이[m] Q^* : 무차원발열속도[kW]		

표 3.2.5 천장에 접염하는 경우를 상정한 자유공간 우각부의 전염 길이		
1) 연속화염길이		
산정식	식번호	출처
$R_c = 3.9Q^{*1/2}D - H$ (우각부)	Eq(11)	Fire Safety Journal, Vol.38, pp.709-745, 2003
여기서, D : 대표길이(화원의 폭, 직경)[m] H : 천장높이[m] Q^* : 무차원발열속도[－] R_c : 연속화염길이[m]		
2) 간헐화염길이		
산정식	식번호	출처
$R_m = H(2.58Q_{DH}^{*2/5} - 1)$ (자유공간)	Eq(12)	일본건축학회 구조계논문집, 제484호, pp.149-156, 1996
여기서, H : 천장높이[m] R_m : 평균전염길이[m] Q_{DH}^* : 무차원발열속도[－]		
3) 간헐화염길이		
산정식	식번호	출처
$R_i = 5.9Q^{*1/2}D - H$	Eq(13)	Fire Safety Journal, Vol.38, pp.709-745, 2003
여기서, D : 대표길이(화원의 폭, 직경)[m] H : 천장높이[m] R_i : 간헐전염높이[m] Q^* : 무차원발열속도[－]		

화염선단의 화원직상점으로부터 거리를 전염거리라고 칭하고, 화염높이와 같은 방안으로서 「연속전염길이 R_c」, 「간헐전염길이 R_i」, 「평균전염길이 R_m」으로 정의하고 있다.

② 선형 및 직사각형의 화원

위에서 보아 가로세로비가 큰 선형 및 장방형의 화원인 경우, 그 화원의 대표 치수는 정사각형의 화원면의 경우와 달리, 화원면의 가로세로비가 2배를 넘는 경우는 선형 화원 및 직사각형 화원으로 간주하고, 가로세로비가 2배 이하의 경우는 정방형 화원으로 취급한다. 그림 3.2.11은 평균화염높이와 간헐화염높이의 관계를 정리한 결과이다. 그림의 A 및 B는 각각 화원의 단변 및 장변[m]이다. 여기서 Q^*_{mod} 는 다음 식으로 정의되는 무차원 발열속도이다.

$$Q^*_{mod} = \frac{Q}{C_P \rho_0 T_0 \sqrt{g} A^{3/2} B} \tag{3.2.3}$$

여기서, A : 화원의 단변길이[m]

B : 화원의 장변길이[m]

Q : 발열속도[kW]

Q^*_{mod} : 무차원발열속도[−]

T_0 : 공기온도[K]

C_p : 정압비열[kJ/kgK]

g : 중력가속도[m/s^2]

ρ_0 : 공기밀도[kg/m^3]

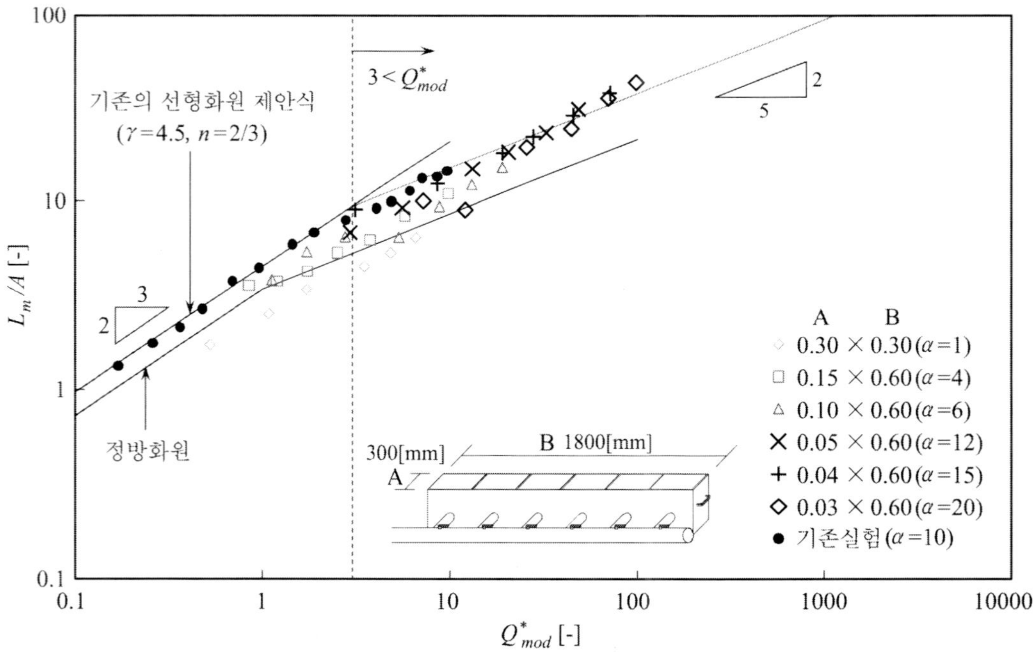

그림 3.2.11 가로세로비가 큰 면 화원의 화염 높이

또한 화원면의 가로세로비 n이 대체로 10이 넘는 경우에는 식 (3.2.4)를 이용하여 평균화염높이를 산정한다.

$$\frac{L_m}{A} = 4.5 Q^{*2/3}_{\mathrm{mod}} \tag{3.2.4}$$

여기서, A : 화원의 단변길이[m]

L_m : 평균화염높이[m]

Q^{*}_{mod} : 무차원발열속도[−]

또한 3 < Q^{*}_{mod} 에는 그림 3.2.11의 식 (3.2.5)를 이용하여 평균화염높이를 산정할 수 있다.

$$\frac{L_m}{A} = 6.0 Q^{*2/5}_{\mathrm{mod}} \tag{3.2.5}$$

여기서, A : 화원의 단변길이[m]

L_m : 평균화염높이[m]

Q^{*}_{mod} : 무차원발열속도[−]

일반적으로 선형 화원을 상정한 무차원 발열속도는 Q_l^{*}로 하고 식 (3.2.6)으로 나타낸다.

$$Q_l^{*} = \frac{Q_l}{C_P \rho_0 T_0 \sqrt{g} D^{3/2}} = \frac{Q_l}{1116 D^{3/2}} \tag{3.2.6}$$

여기서, D : 대표치수(선화원의 폭[m])

Q_l : 화원의 단위길이당 발열속도[kW/m]

Q_l^{*} : 무차원발열속도[−]

T_0 : 공기온도[K]

C_p : 정압비열[kJ/kgK]

g : 중력가속도[m/s²]

ρ_0 : 공기밀도[kg/m³]

Q_l는 화원의 단위 길이당 발열속도($= Q/B$) [kW/m]에서 대표 치수 D는 화원의 단변 A를 이용한다.

표 3.2.6 자유공간 내에서의 선화원의 화염높이

1) 평균화염높이

산정식	식번호	출처
$L_m = 4.5 Q_l^{*2/3} D$	Eq(14)	일본화재학회논문집 Vol.38(2), pp.29-34, 1989

여기서, D : 대표길이(선화원의 폭)[m]
L_m : 평균화염높이[m]
Q_l^* : 무차원발열속도[−]

표 3.2.7 벽면의 선화원의 화염높이

1) 연속화염높이

산정식	식번호	출처
$L_C = 2.8 Q_l^{*2/3} D$	Eq(15)	Fire Science and Technology, Vol. 4(2), pp75-90, 1984

여기서, D : 대표길이(선화원의 폭)[m]
L_c : 연속화염높이[m]
Q_l^* : 무차원발열속도[−]

2) 간헐화염높이

산정식	식번호	출처
$L_i = 6.0 Q_l^{*2/3} D$	Eq(16)	Fire Science and Technology, Vol. 4(2), pp75-90, 1984

여기서, D : 대표길이(선화원의 폭)[m]
L_i : 간헐화염높이[m]
Q_l^* : 무차원발열속도[−]

표 3.2.8 천장에 접염하는 경우를 상정한 선화원의 우각부 화염 길이

1) 연속화염높이

산정식	식번호	출처
$R_c = 4.3 Q^{*1/2} D - H$ (우각부)	Eq(17)	Fire Safety Journal, Vol.38, pp.709-745, 2003

여기서, D : 대표길이(변의 길이가 동일한 L형 화원의 1변길이)[m]
H : 화원높이[m]
Q^* : 무차원발열속도[−]
R_c : 연속화염길이[m]

2) 간헐화염높이 *

산정식	식번호	출처
$R_i = 5.9 Q^{*1/2} D - H$	Eq(18)	Fire Safety Journal, Vol.38, pp.709-745, 2003

여기서,	
D	: 대표길이(화원의 폭, 치수)[m]
H	: 화원높이[m]
R_i	: 간헐화염길이[m]
Q^*	: 무차원발열속도[−]

※ 정방형 면화원으로서 한 무차원 발열속도를 산정한 실험 값에서 정리하여 유도된 식이다.

③ 입체 화원

화재시 연소하는 가구 등의 형상은 주로 입체적인 것이 많으므로 화재 시에는 가연물이 입체적으로 연소된다. 이와 같은 입체화원의 화염높이에 주목하고, 우레탄 블록과 목재 및 플라스틱(이하, FRP)을 재료로 한 크리브를 시험체로 한 실험 사례[42]가 있다. 시험체 하단에서 착화시킴으로써 시험체 전체가 화염에 휩싸여 입체적으로 연소하는 가연물의 상황을 재현하고, 연소시의 화염 높이를 계측하고 있다.

그림 3.2.12에 입방체 및 직육면체의 입체 화원의 화염 높이와 평면적인 화원을 대상으로 한 기존의 산정식과의 비교 결과를 나타낸다. 여기서 화염 높이의 기산면은, 화염이 상승하는 최하부에 있는 시험체 하단으로 하고 시험체 하단에서 화염 선단까지 길이를 화염 높이로서 정리하고 있다.

그림 3.2.12에서, 산정식과 입체 화원의 화염 높이는 대체로 일치한다. 이것은, 입방체 또는 직육면체와 같은 단순한 형상의 가연물의 경우, 화염 높이의 기산면을 시험체 하단에서도 대체로 기존의 평면적인 화원의 산정식으로 예측할 수 있음을 시사하고 있으며, 이것은 다른 기존의 실험[42)~43)]으로도 확인할 수 있다.

(b) 화염 높이의 산정면 및 화원의 대표 치수

그림 3.2.13은 화염 높이의 산정면 및 화원의 대표 치수의 산정 방식에 대해 도시하고 있다. 복잡한 형상의 가연물의 경우 화염형상이 잘 일치되도록 설정하는 것이 바람직하다. 그러나 현 시점에서는 매우 어려운 상황으로서 안전 측의 평가가 이루어지도록 복잡한 형상의 가연물을 단순한 형상으로 변환시킨다.

화염 높이의 산정면 높이는, 가연물이 연소했을 때 가연물 상부의 주요 연소면을 기산면으로 한다. 주요 연소면을 판단할 수 없는 경우는, 가장 상단에 위치한 연소 면을 기산면으로 하는 것이 바람직하다.

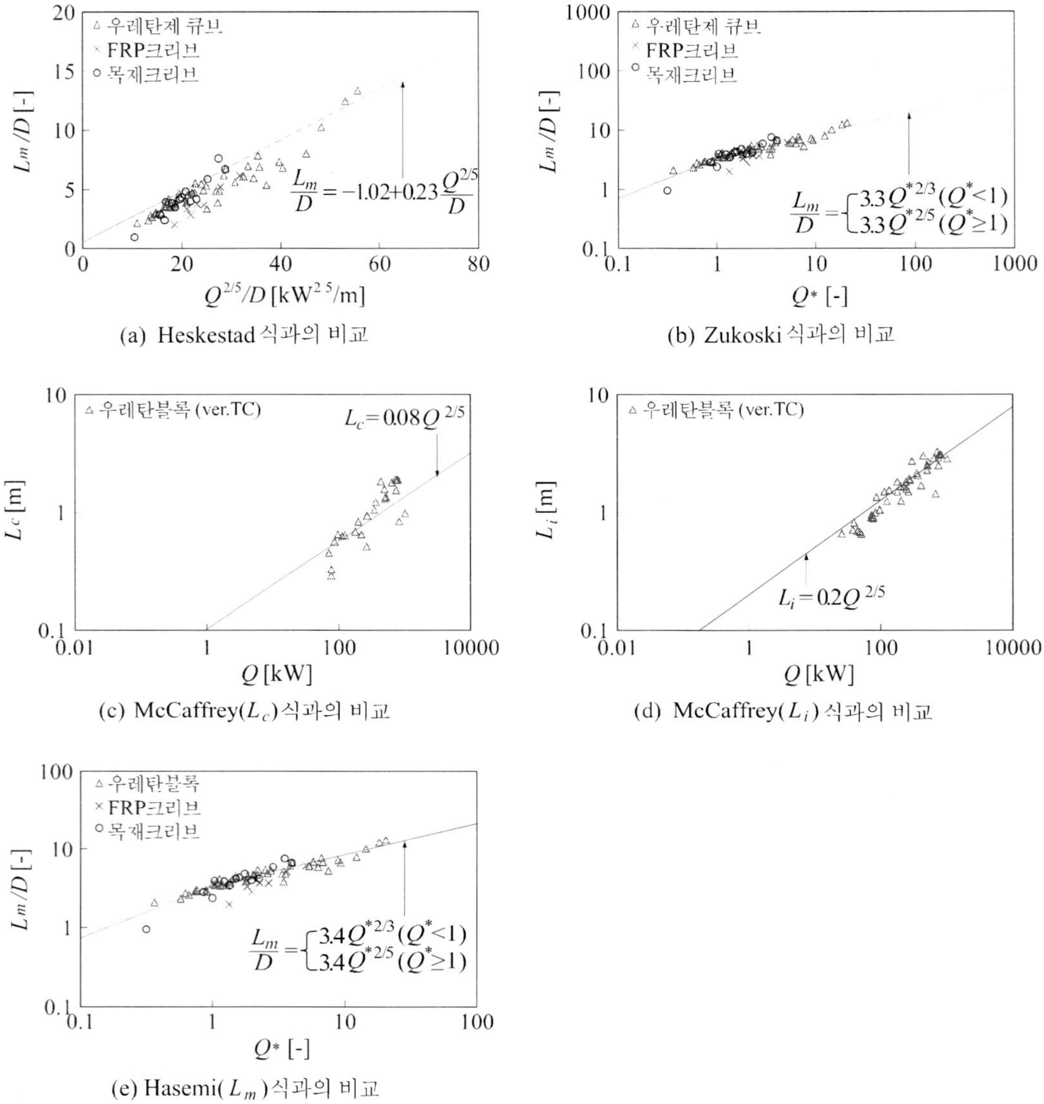

(a) Heskestad 식과의 비교

(b) Zukoski 식과의 비교

(c) McCaffrey(L_c)식과의 비교

(d) McCaffrey(L_i) 식과의 비교

(e) Hasemi(L_m)식과의 비교

그림 3.2.12 면 화원의 과거 불꽃 높이 산정식과 입체 화원 화염 높이의 비교 결과

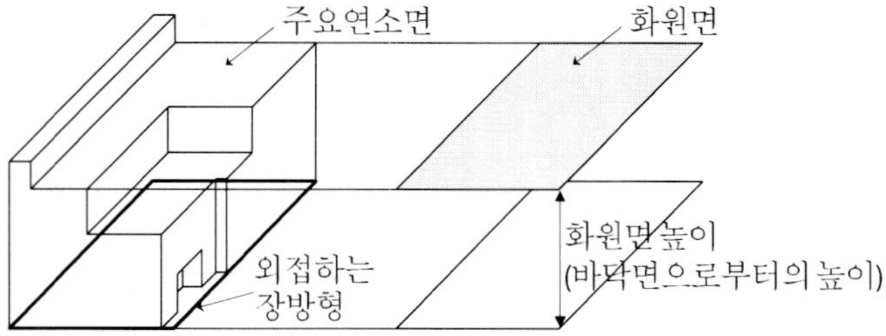

그림 3.2.13 화원면 높이행태

화원의 대표 치수는, 가연물을 수평 투영한 면의 형상으로부터 판단한다. 기본적으로는 가연물의 수평 투영면 형상, 그 형상을 외접하도록 사각형, 혹은 장방형으로 근사시키고 그 변의 길이로부터 화원의 대표 치수를 취하는 것이 바람직하다.

(c) 가연물과 벽의 위치 관계

화염 높이는 가연물과 벽의 위치 관계에 따라 다르다. 따라서 실무에서 화염 높이의 산정식을 사용하는 경우에는 그것들의 조건을 고려하여, 적절한 산정식을 선택할 필요가 있다.

가연물과 벽의 위치 관계에서 대표적인 가연물이 단독으로 연소했을 때의 화염 높이에 미치는 영향을 정리한 결과를 그림 3.2.14에 나타낸다. 계산 조건이 되는 각 화원의 무차원 발열속도 Q^*의 결과도 그림 중에 나타내었다. 또한 화염높이의 산정식은 자유공간에서는 Eq(3), 벽에서는 Eq(8), 우각부는 Eq(12)를 이용하고 있지만, 가연물이 놓일 위치에 의한 화염 높이의 산정식이 여러 개 있을 경우, 안전적인 측면의 평가가 되도록 화염 높이가 가장 큰 산정 결과를 이용하는 것이 권장된다. 일반적으로 화원단부와 벽의 평면 거리가 화원 지름을 약 2배 한 길이보다 가까이 있는 경우, 화원이 벽에 가까워짐에 따라 화염 높이는 증가하는 경향이 있는 것으로 알려져 있다. 따라서, 화원 지름의 2배보다 가깝게 벽이 설치되는 경우, 벽의 화염 높이의 산정식을 이용하는 것이 권장된다.

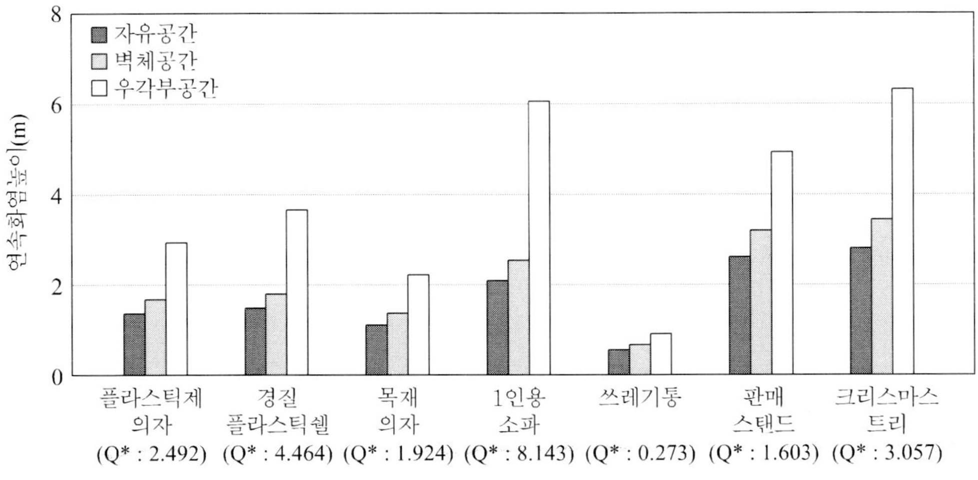

그림 3.2.14 대표적인 가연물의 화염 높이(자유공간, 벽체, 우각부)

(d) 합류 화염

복수의 화원이 근접해 배치된 경우에, 화염은 서로 통합되어 1개의 화염이 된다. 그때, 단일의 화원에 비해 화염이 증가되며 이는 상호의 화염으로부터 복사의 영향이나 벽 부근의 화염성상과 마찬가지로, 인입되는 공기량이 감소함에 따른 영향으로 사료된다.

(3) 화재플륨 성상

> 화재플륨성상은 가연물과 벽의 위치 관계, 가연물의 치수, 발열속도, 화원면기준 높이를 적절하게 설정하여 산정한다.
>
> (1) 화재플륨온도
>
> (2) 화재플륨유량
>
> (3) 천장제트

– 해설 –

여기에서는 화재플륨 성상에 대하여 온도, 유량 및 천장 제트(화재플륨이 천장 면에 충돌하여 생기는 기류)의 산정 방법을 나타낸다. 또한 산정에 있어 발열속도는 3.1 및 3.2.1에 나타낸 방법에 의하여 산정한다. 또한 설계 화재성상으로 그것들을 산정하는 경우 안전적인 측면의 평가가 되도록 발열 속도에 대해서는 최대치를 이용하는 것이 바람직하다. 가연물의 치수는 화원의 대표 길이에 대해서는 3.2.2 (2)의 방법을 이용하여 설정한다.

(a) 화재플륨 온도

① 정방형 화원

그림 3.2.15는 정방형의 가스버너를 이용한 화원에 대한 자유공간 및 우각부 중의 난류 확산 화염에 대하여 연속화염영역, 간헐화염영역, 플륨영역의 축상온도분포를 정리한 결과이다. 예를 들면, 자유공간에서 연속화염영역은 z [m]와 Q [kW]에 의존하지 않고 거의 일정한 값을 나타내고 있으며, 간헐화염영역에서는 $\Delta T \propto (z/Q^{2/5})^{-1}$, 플륨영역에서는 $\Delta T \propto (z/Q^{2/5})^{-5/3}$으로 나타나고 있다.

이상의 실험결과 등을 바탕으로 화재플륨의 축상온도 분포 산정식을 정리하면 표

3.2.9와 같다. 표 3.2.9에서는 가연물과 벽의 위치 관계별로 산정식을 나타내었고 본 산정식은 연속화염영역, 간헐화염영역, 플륨영역의 경계에서 변곡하고 있으며, 그 경계온도의 기준은 300℃, 800℃ 정도가 된다.

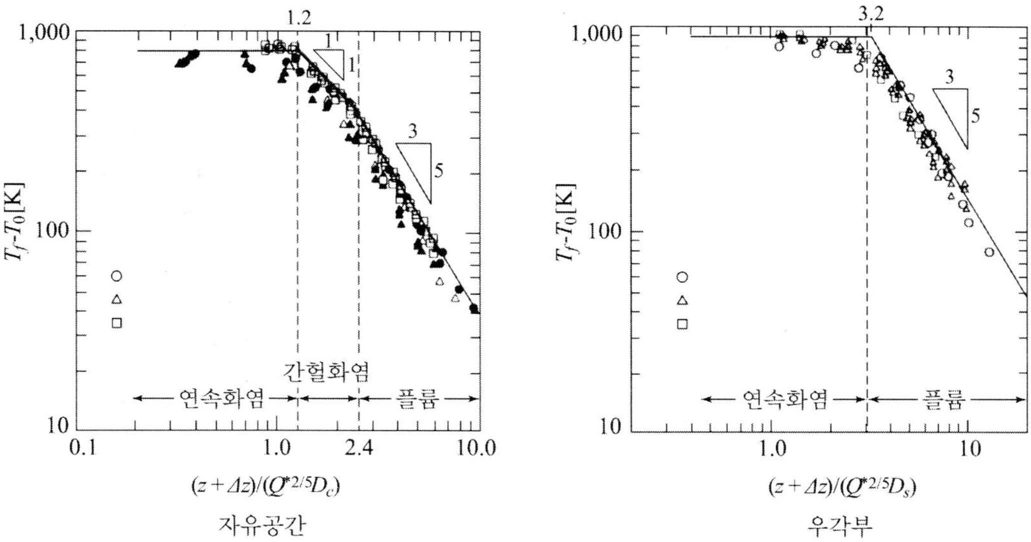

그림 3.2.15 정방형 화원(가스버너) 화재플륨 축상온도 분포

표 3.2.9 정방형 화원의 화원 축상온도

1) 자유공간

산정식	식번호	출처
$\Delta T=\begin{cases} 800 & (z^* \le 1.2) \text{ 연속화염영역} \\ 960/z^* & (1.2 \le z^* \le 2.4) \text{ 간헐화염영역} \\ 1720/z^{*5/3} & (2.4 \le z^*) \text{ 플륨영역} \end{cases}$ $z^* = (z+\Delta z)/(Q^{*2/5}D)$ $\Delta z = \begin{cases} 2.4D(Q^{*2/5} - Q^{*2/3}) & (Q^* \le 1) \\ 2.4D(1-Q^{*2/5}) & (1 < Q^*) \end{cases}$	Eq(19)	Fire Science and Technology, Vol.4(1), pp.15-26, 1984
(참고) $\Delta T(z) = \begin{cases} 797 & \left(\frac{z}{Q^{2/5}} < 0.08\right) \text{ 연속화염영역} \\ 72\left(\frac{z}{Q^{2/5}}\right)^{-1} & \left(0.08 \le \frac{z}{Q^{2/5}} < 0.2\right) \text{ 간헐화염영역} \\ 24.6\left(\frac{z}{Q^{2/5}}\right)^{-5/3} & \left(0.2 \le \frac{z}{Q^{2/5}}\right) \text{ 플륨영역} \end{cases}$	Eq(20)	NBSIR79-1910,1979

산정식	식번호	출처
여기서, D : 대표길이(화원의 폭, 직경)[m] Q : 발열속도[kW] Q^* : 무차원발열속도[−] ΔT : 상승온도[K] z : 화원면까지의 높이[m] z^* : 무차원높이[−] Δz : 가상 점화원의 위치[m]		
2) 벽체		
산정식	식번호	출처
$\Delta T = \begin{cases} 800 & (z^* \le 2.86) \text{ 연속화염영역} \\ 4600/z^{*5/3} & (2.86 \le z^*) \text{ 플룸영역} \end{cases}$ $z^* = (z+\Delta z)/(Q^{*2/5}D)$ $\Delta z = (2.5-0.7Q^*)Q^{*2/5}D$	Eq(21)	Combustion Science and Technology, Vol. 40, pp 1-17,1984
여기서, D : 대표길이(화원의 폭, 직경)[m] Q^* : 무차원발열속도[−] ΔT : 상승온도[K] z : 화원면까지의 높이[m] z^* : 무차원높이[−] Δz : 가상 점화원의 위치[m]		
3) 우각부		
산정식	식번호	출처
$\Delta T = \begin{cases} 880 & (z^* \le 2.5) \text{ 연속화염영역} \\ 2200/z^* & (2.5 \le z^* \le 3.6) \text{ 간헐화염영역} \\ 5100/z^{*5/3} & (3.6 \le z^*) \text{ 플룸영역} \end{cases}$ $z^* = (z+\Delta z)/(Q^{*2/5}D)$ $\Delta z = (3.54Q^{*2/5}-3.3Q^{*3/5})D$	Eq(22)	Combustion Science and Technology, Vol. 40, pp 1-17,1984
여기서, D : 대표길이(화원의 폭, 직경)[m] Q^* : 무차원발열속도[−] ΔT : 상승온도[K] z : 화원면까지의 높이[m] z^* : 무차원높이[−] Δz : 가상 점화원의 위치[m]		

② 선형화원

선형 화원의 화재플룸 축상온도의 산정식은 정방형 화원과 마찬가지로 제안되고 있다. 표 3.2.10에 선형 화원의 축상온도의 산정식을 정리하였다. 선형화원도 정방형 화원처럼 가연물과 벽의 위치 관계를 고려하여 정리하였다.

표 3.2.10 선형화원의 화원축상온도

1) 자유공간

산정식	식번호	출처
$\Delta T=\begin{cases} 800 & (z^* \le 1) \text{ 연속화염영역} \\ 800/z^* & (1 < z^*) \text{ 플륨영역} \end{cases}$ $z^* = z/(Q_l^{*2/3}D)$	Eq(23)	일본화재학회논문집 Vol.38(2), pp.29-34, 1989

여기서, D : 대표길이(화원의 폭)[m]
Q_l^* : 무차원발열속도[−]
ΔT : 상부온도[K]
z : 화원면까지의 높이[m]
z^* : 무차원높이[−]

2) 벽체

산정식	식번호	출처
$\Delta T=\begin{cases} 800 & (z^* \le 0.3) \text{ 연속화염영역} \\ 240/z^* & (0.3 < z^*) \text{ 플륨영역} \end{cases}$ [주1] $z^* = z/(Q_l^{*2/3}D)$	Eq(24)	13th Meeting of the UJNR Panel on Fire Research and Safety, 1996

여기서, D : 대표길이(화원의 폭)[m]
Q_l^* : 무차원발열속도[−]
ΔT : 상부온도[K]
z : 화원면까지의 높이[m]
z^* : 무차원높이[−]

[주1] 문헌에 기재된 계산식에서는 780℃를 변곡점으로 하고 있으나 본 지침(안)에서는 변곡점을 800℃으로 계산식을 변경하였다.

3) 우각부

산정식	식번호	출처
$\Delta T=\begin{cases} 950 & (z^* \le 0.55) \text{ 연속화염영역} \\ 290/z^* & (0.55 < z^*) \text{ 플륨영역} \end{cases}$ [주1] $z^* = z/(5.9Q^{*1/2}D)$	Eq(25)	Fire Safety Journal, Vol. 38, pp709-745, 2003

여기서, D : 대표길이(화원의 폭)[m]
Q^* : 무차원발열속도[−]
ΔT : 상부온도[K]
z : 화원면까지의 높이[m]
z^* : 무차원높이[−]

[주1] 천장에 형성된 실험을 통한 계산식이다. 또한 정방형 화원에 대한 무차원발열속도 Q^*를 사용하고 있다.

③ 수평방향 온도분포

화재플륨의 임의의 높이에서 온도 분포는 기류 중심축에서 수평방향에 따라 저하한다. 이때 수평 방향 상승 온도 분포는 일반적으로 가우스 분포에 따르는 것으로 나타나고 있다. 화재플륨은 임의의 높이에서 온도분포가 가우스 분포에 따르는 것으로 가정하면 기류 축에 따른 높이 z, 중심축에서 수평 방향으로의 거리 r의 점(z,r)에서의 온도는 다음 식으로 나타낼 수 있다.

$$\frac{\Delta T(z,r)}{\Delta T_0(z)} = \exp\left[-0.9^2\left(\frac{r}{b}\right)^2\right] \tag{3.2.7}$$

여기서, $\Delta T(z,r)$: $T(z,r) - T_0$

T : 온도[K]

T_0 : 공기온도[K]

ΔT : 상층부 온도[K]

b : 높이 z의 기류의 확산(반치폭)[m]

r : 수평거리[m]

(b) 화재플륨유량

그림 3.2.16에 나타낸 바와 같이 연소하는 가연물 위쪽에 형성되는 화재플륨은 부력에 의하여 상승하면서 주위의 공기를 인입시킨다. 이러한 공기의 인입으로 인하여 화재플륨은 상승함에 따라 희석되고 온도가 떨어지며, 또한 화재플륨유량은 증가한다.

문헌에 의하면 임의의 높이에 화재플륨유량 m_p는

$$m_p = 2\pi\int_0^{\infty}\rho w r dr = \pi\rho_0 w_0 b^2 \tag{3.2.8}$$

여기서, b : 높이 z의 기류의 확산[m]

m_p : 화재플륨유량[kg/s]

r : 수평 거리[m]

w : 화재플륨의 유속[m/s]

w_0 : 높이 z의 중심축 선상의 유속[m/s]

ρ : 화재플륨의 밀도[kg/m^3]

ρ_0 : 공기 밀도[kg/m^3]

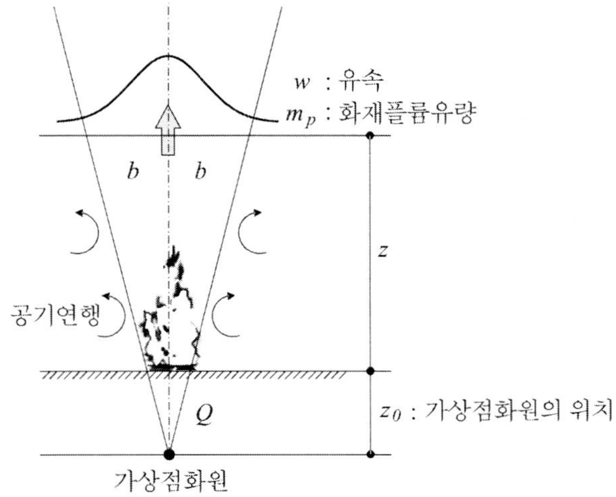

그림 3.2.16 화재플륨

로 주어진다. 화재플륨의 폭, 온도, 유속은 청정한 환경에서

$$\begin{cases} \dfrac{b}{z} = 0.13 \\ \dfrac{\Delta T_0}{T_0} = 9.1 Q_z^{*2/3} \\ \dfrac{w_0}{\sqrt{gz}} = 3.9 Q_z^{*1/3} \end{cases} \tag{3.2.9}$$

여기서, Q_z^* : 무차원발열속도[−]

T_0 : 공기온도[K]

ΔT_0 : 기류축상의 상부 온도[K]

b : 높이 z의 기류의 확산(반치폭)[m]

g : 중력 가속도[m/s^2]

w_0 : 높이 z의 중심축 선상의 유속[m/s]

z : 화원면까지의 높이[m]

로 계산된다. 무차원발열속도 Q_z^*는

$$Q_z^* = \frac{Q}{c_p \rho_0 T_0 \sqrt{g}\, z^{5/2}} \tag{3.2.10}$$

여기서, Q : 발열속도[kW]

Q_z^* : 무차원발열속도[−]

T_0 : 공기온도[K]

c_p : 정압비열[kJ/kgK]

g : 중력 가속도[m/s²]

z : 화원면까지의 높이[m]

ρ_0 : 공기밀도[kg/m³]

로 나타난다. 이 관계식 등을 이용한 화재플륨유량 m_p 의 예측식은

$$m_p = 0.21\left(\frac{\rho_0^2 g}{c_p T_0}\right)^{1/3} Q^{1/3} z^{5/3} \approx 0.08\, Q^{1/3} z^{5/3} \tag{3.2.11}$$

여기서, Q : 발열속도[kW]

T_0 : 공기온도[K]

c_p : 정압비열[kJ/kgK]

g : 중력 가속도[m/s²]

z : 화원면까지의 높이[m]

ρ_0 : 공기밀도[kg/m³]

m_p : 화재플륨유량[kg/s]

로 나타낸다. 식 (3.2.11)에서 화재플륨은 화원의 발열속도 Q에 비해 화원면으로부터 높이 z의 값에 영향을 받게 된다.

화원은 유한한 크기여서 화재플륨의 유량은 화원면을 기준으로 한 수직 높이가 아니라 그림 3.2.16과 같이 화원면으로부터 조금 낮은 점이 기준이 되도록 보정하면 실험값과 정합성이 높아진다. 이러한 보정을 가상점화원 보정이라고 하며, 가상점화원 보정에 의해 가상 화원의 위치를 고려한 화재플륨유량의 산정식은 다음과 같다.

$$m_p = 0.08\, Q^{1/3}\, (z + z_0)^{5/3} \tag{3.2.12}$$

여기서, Q : 발열속도[kW]

m_p : 화재플륨유량[kg/s]

z : 화원면까지의 높이[m]

z_0 : 가상점열원의 위치[m]

가상점열원의 위치는 다음 식으로 산정할 수 있다. 이때 값이 (+)이면 가상점열원의 위치가 화원면보다 아래에 있으며, (−)의 경우에는 화원면보다 높이 있음을 의미하고 있다.

$$\frac{z_0}{D} = 0.50 - 0.33\frac{L}{D} \tag{3.2.13}$$

(참조)[53] $$\frac{z_0}{D} = 1.02 - 0.083\frac{Q^{2/5}}{D} \tag{3.2.14}$$

여기서, D : 대표치수(화원의 폭, 직경)[m]

L : 화염 높이[m]

Q : 발열속도[kW]

z_0 : 가상점열원의 위치[m]

(c) 천장 제트

공간 내 가연물이 연소하면서 일어난 화재플륨은 수평 천장에 충돌하면 그림 3.2.17과 같이 천장을 따라 동심원형태로 펼쳐진 기류가 된다. 이 천장면의 기류를 천장 제트라고 부른다.

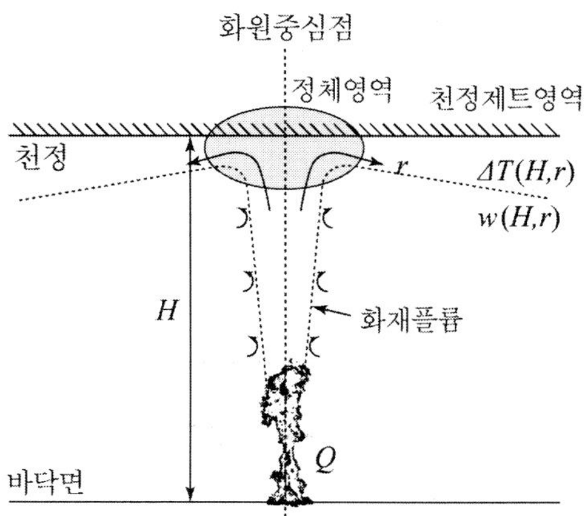

그림 3.2.17 천장 제트

화재플륨이 천장에 충돌하여 화원 바로 위에서 수평방향으로 변화되는 부근에서는 온도, 속도가 거의 일정하게 된다. 이 영역은 정체영역으로 불린다. 화재플륨이 충돌한 천장쪽에서 거리가 멀어지면 온도, 유속은 서서히 저하하기 시작한다. 이 영역을 천장 제트영역이라고 한다.

보통 화재플륨이 충돌한 천장 위치에서 수평거리를 r로 하면 정체 영역의 온도는 $r \leqq 0.18H$, 유속 R은 $r \leqq 0.15H$의 범위와 같이 정의되며, 천장 제트 영역의 온도는 $r > 0.18H$, 유속은 $r > 0.15H$의 범위로 정의된다. 천장 높이 H 및 기류 축으로부터의 거리 r의 천장 제트 상승 온도 $\Delta T(H,r)$ 및 속도 $w(H,r)$은 다음과 같다.

① **상승온도 : $\Delta T(H,r)$[K]**

$$\Delta T(H,r) = \begin{cases} 16.9\left(\dfrac{Q^{2/3}}{H^{5/3}}\right) & \left(\dfrac{r}{H} \leq 0.18\right) \\ 5.38\left(\dfrac{Q^{2/3}}{H^{5/3}}\right)\left(\dfrac{r}{H}\right)^{-2/3} & \left(0.18 < \dfrac{r}{H}\right) \end{cases} \tag{3.2.15}$$

여기서, H : 천장높이[m]
Q : 발열속도[kW]
ΔT : 상승온도[K]
r : 수평거리[m]

② **유속 : $w(H,r)$[m/s]**

$$w(H,r) = \begin{cases} 0.96\left(\dfrac{Q}{H}\right)^{1/3} & \left(\dfrac{r}{H} \leq 0.15\right) \\ 0.195\left(\dfrac{Q}{H}\right)^{1/3}\left(\dfrac{r}{H}\right)^{-5/6} & \left(0.15 < \dfrac{r}{H}\right) \end{cases} \tag{3.2.16}$$

여기서, H : 천장높이[m]
Q : 발열속도[kW]
r : 수평거리[m]
w : 화재플륨의 유속[m/s]

마찬가지로 천장 제트 중의 상승온도와 속도에 대해서 무차원온도와 무차원 유속을 사용하면 다음 간이식과 같이 나타낼 수 있다.

$$\Delta T^* = \frac{\Delta T}{T_0 Q^{*2/3}} = \left(0.188 + 0.313\frac{r}{H}\right)^{-4/3} \quad (3.2.17)$$

$$w^* = \frac{w}{\sqrt{gH}\,Q^{*1/3}} = 0.68\Delta T^{*1/2}\left(\frac{r}{H}\right)^{-0.63} \quad \left(\frac{r}{H} \geq 0.3\right) \quad (3.2.18)$$

여기서, H : 천장높이[m]

Q^* : 무차원 발열속도[−]

ΔT : 상승온도[K]

ΔT^* : 무차원 온도[−]

g : 중력가속도[m/s²]

r : 수평거리[m]

w : 화재플륨의 유속[m/s]

w^* : 무차원 유속[−]

T_0 : 공기온도[K]

(4) 연기성상

연기성상은 가연물과 벽의 위치 관계, 가연물의 치수, 발열속도, 화원면 기준 높이 및 화재구획을 구성하는 천장과 벽의 시방, 화재구획의 치수 또는 배연 설비를 적절히 설정하여 산정한다.

(1) 연기층 온도

(2) 연기층 하강

(3) 배연설비를 고려한 연기층 높이

– 해설 –

연소하고 있는 가연물에서 발생하는 연기는 공간 내의 상부에 가스층을 형성하고 그 연기의 온도와 높이는 피난 가능시간과 비교된다. 연기성상은 공간 내 가연물의 착화 유무와 연소 성상 및 인접공간으로의 연소 확대성상에 관계한다. 그것들을 산정할 때 발열속도는 3.1 및 3.2.1, 화재플륨은 3.2.3의 방법에 의하여 산정할 수 있다.

(a) 연기층 온도

그림 3.2.18과 같이 공간 내에서 발생한 국소화재 및 이동화재를 상정한다.

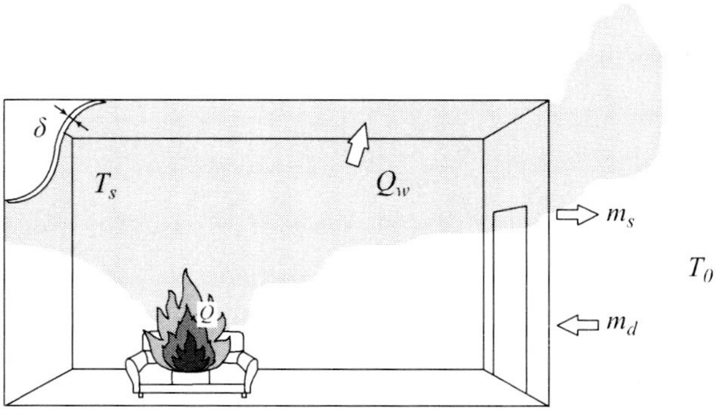

그림 3.2.18 화재 초기의 열량 관계

연기층 온도는 화재구획의 열량 수지의 균형으로부터 구할 수 있다. 국소화재 및 이동화재 시 구역 내의 화재성상이 정상이라고 가정하면 열량관계는 다음 식과 같이 나타낼 수 있다.

$$Q = c_p m_s (T_s - T_0) + h_k A_T (T_s - T_0) \tag{3.2.19}$$

여기서, Q : 발열속도[kW]

T_s : 연기층 온도[K]

T_0 : 공기 온도[K]

c_p : 정압비열[kJ/kgK]

m_s : 개구유량[kg/s]

A_T : 연기층에 폭로되는 부분(천장, 벽)의 유효전열면적[m^2]

h_k : 유효 열전달률[kW/m^2K]

실효열전달률 h_k는

$$h_k = \begin{cases} \dfrac{k}{\delta} & \left(t > \dfrac{c\rho\delta^2}{4k}\right) \\ \sqrt{\dfrac{k\rho c}{t}} & \left(t \le \dfrac{c\rho\delta^2}{4k}\right) \end{cases} \tag{3.2.20}$$

여기서, c : 벽의 비열[kJ/kgK]

k : 벽의 열전도율[kW/mK]

t : 시간[s]

δ : 벽의 두께[m]

ρ : 벽의 밀도[kg/m^3]

로서 구할 수 있다. 식 (3.2.19)에서 연기층의 상승온도 ΔT_s에 대하여 정리하면 식 (3.2.21)을 얻을 수 있다.

$$\frac{\Delta T_s}{T_0} = \frac{Q/(c_p T_0 m_s)}{1 + h_k A_r / c_P m_s} \tag{3.2.21}$$

여기서, A_T : 연기층에 폭로된 부분(천장, 벽)의 유효전열면적[m^2]

Q : 발열속도[kW]

T_0 : 공기 온도[K]

ΔT_s : 연기층의 상승온도[K]

c_p : 정압비열[kJ/kgK]

h_k : 유효열전달율[kW/m^{2}K]

m_s : 개구유량[kg/s]

또한 개구유량 m_s는

$$m_s \propto \rho_0 g^{1/2} A \sqrt{H} \tag{3.2.22}$$

여기서, A : 개구 면적[m^2]

H : 개구 높이[m]

g : 중력가속도[m/s^2]

m_s : 개구 유량[kg/s]

ρ_0 : 공기 밀도[kg/m^3]

위와 같은 관계식이 성립되면 식 (3.2.21)을 다음과 같이 바꾸어 쓸 수 있다.

$$\frac{\Delta T_s}{T_0} = f\left(\frac{Q}{c_p \rho_0 T_0 g^{1/2} A \sqrt{H}}, \frac{h_k A_r}{c_p \rho_0 g^{1/2} A \sqrt{H}}\right) \tag{3.2.23}$$

여기서, A : 개구 면적[m^2]

A_T : 연기층에 노출된 부분(천장, 벽)의 유효전열면적[m^2]

H : 개구 높이[m]

Q : 발열속도[kW]

T_0 : 공기 온도[K]

ΔT_s : 연기층의 상승온도 [K]

c_p : 정압비열[kJ/kgK]

g : 중력가속도[m/s^2]

h_k : 유효 열전달율[kW/m^{2}K]

ρ_0 : 공기밀도[kg/m^3]

함수 f 를 지수의 곱으로 가정하고 화재실험결과를 이용하여 회귀분석한 식 (3.2.23)을 정식화하면

$$\frac{\Delta T_s}{T_0} = 1.6\left(\frac{Q}{c_p \rho_0 T_0 g^{1/2} A\sqrt{H}}\right)^{2/3}\left(\frac{h_k A_r}{c_p \rho_0 g^{1/2} A\sqrt{H}}\right)^{-1/3} \quad (3.2.24)$$

여기서, A : 개구 면적[m^2]

A_T : 연기층에 노출된 부분(천장, 벽)의 유효전열면적[m^2]

H : 개구 높이[m]

Q : 발열속도[kW]

T_0 : 공기 온도[K]

ΔT_s : 연기층의 상승온도[K]

c_p : 정압비열[kJ/kgJK]

g : 중력가속도[m/s^2]

h_k : 유효 열전달율[kW/m^{2}K]

ρ_0 : 공기밀도[kg/m^3]

가 된다. 식 (3.2.24)의 구체화된 정수를 대입하면 다음과 같다.

$$\frac{\Delta T_s}{T_0} = 0.023\left(\frac{Q}{cA\sqrt{H}}\right)^{2/3}\left(\frac{A\sqrt{H}}{A_T}\right)^{1/3} h_k^{-1/3} \quad (3.2.25)$$

여기서, A : 개구 면적[m^2]

A_T : 연기층에 노출된 부분(천장, 벽)의 유효전열면적[m^2]

H : 개구 높이[m]

Q : 발열속도[kW]

T_0 : 공기 온도[K]

ΔT_s : 연기층의 상승온도[K]

h_k : 실효열전달율[kW/m²K]

이 식을 이용하여 연기층 온도를 산정하게 된다. 단, 이 식의 도출과정에서 개구부로부터 복사에 의한 손실 열이 포함되지 않고, 또한 화재구역 내 온도가 600℃ 정도 이하의 화재 실험 사례를 바탕으로 도출되고 있다.

다음은 화재플륨의 온도로부터 연기층 온도를 산정하는 간이법을 나타낸다. 임의의 높이 z까지 연기층이 하강되고 있는 것을 상정한다. 그 조건에서는 연기층 하단의 높이 z에서의 화재플륨의 평균 온도 T_{pa}는 다음과 같다.

$$T_{pa} = T_0 + \frac{Q}{c_p m_p} \tag{3.2.26}$$

여기서, q : 발열속도[kW]

T_{pa} : 화재플륨의 평균 온도[K]

T_0 : 공기 온도[K]

c_p : 정압비열[kJ/kgK]

m_p : 화재플륨유량[kg/s]

여기서, T_{pa}를 연기층 온도 T_s라고 하면, 안전측면에서 연기층 온도를 산정할 수 있다. 또한 벽에 의한 손실열을 고려하면 다음 식과 같다.

$$T_s = T_0 + \frac{Q}{c_p m_p + h_k A_T} \tag{3.2.27}$$

여기서, A_T : 연기층에 노출된 부분(천장, 벽)의 유효전열면적[m²]

Q : 발열속도[kW]

T_s : 연기온도[K]

T_0 : 공기온도[K]

c_p : 정압비열[kJ/kgK]

h_k : 유효열전달계수[kW/m²K]

m_p : 화재플륨유량[kg/s]

가연물의 연소지속시간 t_c가 주어지면 t_c를 이용하여 식 (3.2.20)에서 유효 열전달율을 산정함으로써 연기층 온도를 안전측면으로 구할 수 있다.

(b) 연기 하강

화재 초기에는 가연물의 연소에 따른 구획 내의 상부에 연기층이 형성된다. 연소되는 가연물 상부에 형성되는 화재플룸은 연기층에 관입되어 연기층의 부피를 증가시켜 연기층이 하강된다. 그 연기층 아래면의 하강 속도는 화재플룸량과 관계가 있지만 배연을 고려하는 경우에는 연기층 하강 속도는 그 배연량에도 의존하게 된다.

화재구획의 수평단면적은 변화시키지 않고 배연설비를 설치하지 않는 조건을 가정한 연기층 하강을 고려한다.

화재 초기 단계에서는 연기층의 온도 상승이 작아서 연기의 온도 및 밀도는 일정한 것으로 하면

$$\rho_s \frac{dV}{dt} = m_p = -\rho_s A_r \frac{dz}{dt} \tag{3.2.28}$$

여기서, A_r : 공간의 수평단면적[m^2]

V : 연기층의 체적[m^3]

m_p : 화재플룸유량[kg/s]

ρ_s : 연기층 밀도[kg/m^3]

z : 연기층 높이[m]

로 표현할 수 있다. 3.2.3에 기술한 바와 같이 화재플룸량 m_p는 가상점열원보정을 고려할 필요가 있으나, 여기에서는 그것을 고려하지 않고 연기층과 공기층의 경계 높이를 z [m]로 하여 계산하였다.

$$m_p \approx 0.08 Q^{1/3} z^{5/3} \tag{3.2.29}$$

여기서, Q : 발열속도[kW]

m_p : 화재플룸유량[kg/s]

z : 연기층과 공기층의 경계 높이[m]

식 (3.2.28)은 다음과 같이 계산할 수 있다.

$$\frac{dz}{z^{5/3}} = -\frac{k}{A}Q^{1/3}dt \tag{3.2.30}$$

여기서, A_r : 공간의 수평단면적[m^2]

Q : 발열속도[kW]

m_p : 화재플룸유량[kg/s]

z : 연기층과 공기층의 경계 높이[m]

$$k = \frac{0.08}{\rho_s} \tag{3.2.31}$$

여기서, ρ_s : 연기층 밀도[kg/m^3]

발열속도 Q [kW]는 시간에 따라 변화되며 시간의 n제곱에 비례한 t^n 화원을 고려하면 다음과 같이 나타낼 수 있다.

$$Q = Q_0 t^n \tag{3.2.32}$$

여기서, Q : 발열속도[kW]

Q_0 : 정상화원($n=0$)에서 발열속도[kW], t^2 화원($n=2$)에서 화재성장율[kW/s^2]

t : 시간[s]

따라서 시간의 경과와 함께 하강되는 연기층과 공기층의 경계높이 z는 다음 식을 통하여 산출할 수 있다.

$$z = \left\{ \frac{2}{n+3}\frac{k}{A_r}Q_0^{1/3}t^{(n+3)/3} + \frac{1}{H_r^{2/3}} \right\}^{-3/2} \tag{3.2.33}$$

여기서, A_r : 공간의 수평단면적[m^2]

H_r : 천장 높이[m]

t : 시간[s]

z : 연기층과 공기층의 경계의 높이[m]

일반적으로 실무 설계에서 검토되는 화원은 발열속도가 일정한 정상화원, 혹은 2제곱에 비례한 t^2 화원에서 식 (3.2.33)을 정상화원($n=0$) 및 t^2 화원($n=2$)로 하면 임의의 높이 z까지 연기층 하강시간 t는 다음과 같다.

$$t = \begin{cases} \dfrac{3}{2} \dfrac{z^{-2/3} - H_r^{-2/3}}{kQ_0^{1/3}} & (\text{정상화원}) \\ \left\{ \dfrac{5}{2} \dfrac{z^{-2/3} - H_r^{-2/3}}{kQ_0^{1/3}} \right\}^{3/5} & (t^2\text{화원}) \end{cases} \tag{3.2.34}$$

여기서, A_r : 공간의 수평단면적[m²]

H_r : 천장 높이 [m]

Q_0 : 정상화원($n=0$)에서 발열속도[kW], t^2화원($n=2$)에서 화재성장율[kW/s²]

t : 연기층 하강 시간[s]

z : 연기층과 공기층의 경계의 높이[m]

이 계산에서 연기층 온도를 고온으로 설정하면 연기층은 빠르게 하강하므로 피난 안전성을 검토하는데 안전측으로 평가하게 된다. 또한 연기층 온도가 600℃ 정도에서 플래시 오버가 발생한다고 하면, 연기층 온도가 600℃ 정도에 이른 시점에서 연기층의 하강을 검토하는 것이 의미가 없게 되므로 연기층 온도에 대해서도 아울러 검토할 필요가 있다.

(c) 배연을 고려한 연기층높이

① 측벽의 개구부로부터 배연되는 경우

일반적 화재 구역 내에서 가연물이 연소 확대되어 구획 내 전체화재로 이르기까지는 시간이 필요하다. 국소화재 및 이동화재시 연기성상을 검토하는 경우, 화재 구획 내에는 공간 상부에 형성되는 연기층과 공간 하부의 공기층으로 나누어지는 것으로 간주한다. 화재구획 내 상부에 연기가 차있는 상태에서 연기성상은 시간 변화에 따라 정확하게 평가하기 위해서는 컴퓨터 등을 이용하여 계산하여야 한다.

그림 3.2.19처럼 화재구획 측벽의 개구부로부터 배연되는 경우, 가연물의 발열속도 및 연기층 온도가 일정하다면 연기층 높이도 일정하게 된다. 이 경우에는 연기층 높이는 개구부의 공기유입량 m_d, 연기 유출량 m_s 및 연기 층에 유입되면서 화재플륨유량 m_p에서 다음의 관계식을 만족하는 높이가 된다.

$$m_d = m_s = m_p \tag{3.2.35}$$

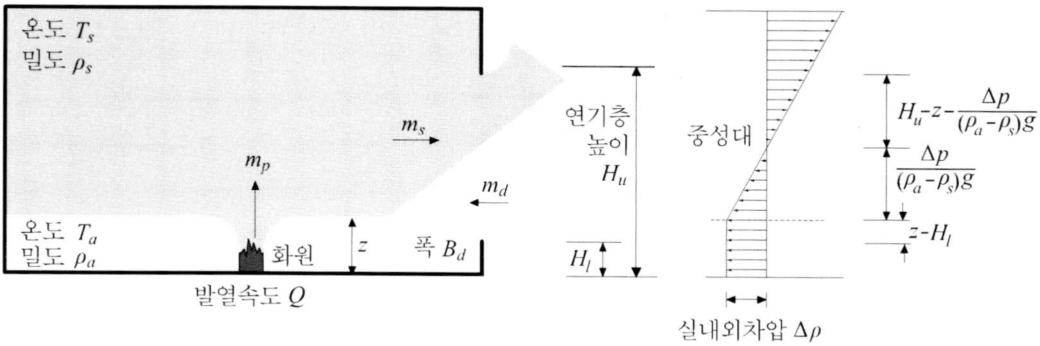

그림 3.2.19 측변에 개구부가 있는 경우의 연기성상

여기서, m_d : 공기 유입량[kg/s]

m_s : 연기 유출량[kg/s]

m_p : 화재플륨유량[kg/s]

연기 층 높이 z에 대한 m_p는 다음과 같다.

$$m_p \approx 0.08 Q^{1/3} z^{5/3} \tag{3.2.36}$$

여기서, m_p : 화재플륨유량[kg/s]

Q : 발열속도[kW]

z : 연기층과 공기층의 경계 높이[m]

구획 하부층의 온도 T_a는 외기 온도 T_∞와 동일한 것으로 하면 개구부 입구에서 그림 3.2.19에 나타낸 바와 같이 압력차 분포가 형성되어 개구부의 공기 유입량 m_d 및 연기 유출량 m_s는 다음과 같이 산정할 수 있다.

$$m_s = \frac{2}{3} \alpha B_d (2g \rho_s \Delta \rho)^{1/2} (H_u - z - \Delta P / \Delta \rho g)^{3/2} \tag{3.2.37}$$

여기서, B_d : 개구의 폭[m]

g : 중력가속도[m/s^2]

H_u : 개구 상단 높이 [m]

ΔP : 공간 내 압력[Pa]

z : 연기층과 공기층의 경계의 높이[m]

m_s : 연기 유출량[kg/s]

α : 유량계수[−]

ρ_s : 연기층 밀도[kg/m³]

$\Delta\rho$: 밀도차[kg/m³]$(=\rho_a-\rho_s)$

$$m_d=\alpha B_d\,(z-H_l)(2\rho_a\Delta P)^{1/2}+\frac{2}{3}\alpha B_d\,(2g\,\rho_a\Delta\rho)^{1/2}\,(\Delta P/\Delta\rho g)^{3/2} \quad (3.2.38)$$

여기서, B_d : 개구의 폭[m]

g : 중력가속도[m/s²]

H_l : 개구 상단 높이 [m]

ΔP : 공간 내 압력[Pa]

z : 연기층과 공기층의 경계의 높이[m]

m_d : 연기 유출량[kg/s]

α : 유량계수[−]

ρ_a : 공기층 밀도[kg/m³]

ρ_s : 연기층 밀도[kg/m³]

$\Delta\rho$: 밀도차[kg/m³]$(=\rho_a-\rho_s)$

이 상태에서 벽의 온도상승을 고려하지 않으면

$$Q-c_p\,m_s(T_s-T_0)-h\,A_w(T_s-T_0)=0 \quad (3.2.39)$$

여기서, A_w : 연기층에 노출된 부분(천장, 벽)의 유효전열면적[m²]

Q : 발열속도[kW]

T_s : 연기 온도[K]

T_0 : 공기 온도[K]

c_p : 정압비열[kJ/kgK]

h : 종합열전달율[kW/m²K]

m_s : 연기 유출량[kg/s]

와 같이 열량수지식을 표현할 수 있다. 여기서, A_w는 연기층에 접하는 주벽의 면적, 유효열전달계수 h_k를 대신하여 $h=0.01(\sim0.02)$ kW/m²K로 나타낼 수 있다. 연기층 높이

z의 산정은 식 (3.2.35)~식 (3.2.39)를 이용하여 다음 순서대로 계산을 실시하여 구할 수 있다.

㉠ 임의의 높이 z에서 m_p을 계산한다. 계산시작단계에서는 $z=0$으로 한다.

㉡ $m_p = m_s$일 때, $Q - c_p m_s (T_s - T_0) - hA_w (T_s - T_0) = 0$의 관계식으로부터 연기층 온도를 계산하고 $p_s = 353/T_s$를 통하여 연기 밀도를 구한다.

㉢ $\Delta P = \Delta \rho g (H_u - z) - \left\{ \dfrac{3 \rho_s \Delta \rho g m_p}{\alpha B_b} \right\}^{2/3} / 2\rho_s$의 관계식에서 개구부에 관한 하층부 압력차이분포를 구한다.

㉣ m_d를 계산할 때, $m_p = m_d$일 때, ①로 돌아가 연기층 높이 z를 늘리는 계산을 반복한다.

② 천장 개구부(배연구)를 통하여 배연할 경우

그림 3.2.20에 나타낸 공간에서의 연기층 높이에 대해서 검토한다. 여기에서는 연기층의 온도 및 밀도는 일정하다고 가정한다.

i) 자연 배연

천장에 설치된 자연 배연구를 이용한 자연 배연 설비를 고려하면 구획 내의 질량 보존 및 열량 보존은 각각 다음과 같이 나타낼 수 있다.

$$m_d = m_e = m_p \tag{3.2.40}$$

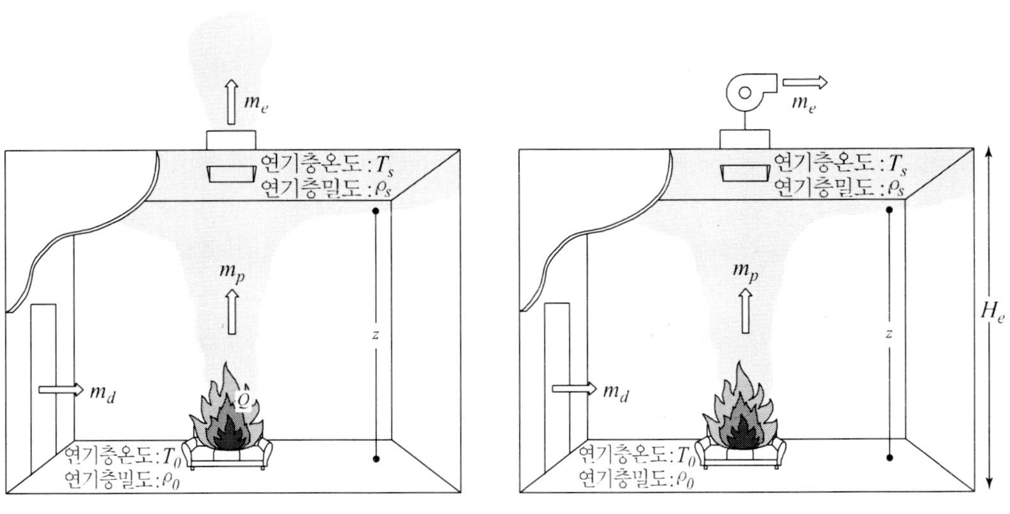

그림 3.2.20 배연설비에 의한 연기층 제어 개요도

여기서, m_d : 공기 유입량[kg/s]

m_e : 배연량[kg/s]

m_p : 화재플륨유량[kg/s]

$$Q - c_p m_e (T_s - T_0) - h A_w (T_s - T_0) = 0 \tag{3.2.41}$$

여기서, A_w : 연기층에 노출된 부분(천장, 벽)의 유효전열면적[m^2]

Q : 발열속도[kW]

T_s : 연기 온도[K]

T_0 : 공기 온도[K]

c_p : 정압비열[kJ/kgK]

h : 종합열전달율[kW/m^2K]

m_e : 배연량[kg/s]

로 된다. 외부압력을 기준으로 한 실내외 압력차 ΔP [Pa]은 개구부부터 유입되는 공기량 m_d [kg/s]가 된다.

$$m_d (= m_e = m_p) = \alpha A_d \sqrt{2\rho_0 \Delta P} \tag{3.2.42}$$

여기서, A_d : 개구 면적[m^2]

m_d : 공기 유입량[kg/s]

α : 유량계수[−]

ρ_0 : 공기밀도[kg/m^3]

$$\Delta P = \frac{m_d^2}{2\rho_0 (\alpha A_d)^2} \tag{3.2.43}$$

따라서 자연 배연구 높이에 대하여 실내외 압력차 $\Delta P_{(He)}$는 다음과 같다.

$$\Delta P_{(He)} = -\Delta P + (\rho_0 - \rho_s) g (H_e - z) \tag{3.2.44}$$

여기서, H_e : 자연배연구높이[m]

ΔP : 실내외 압력차[Pa]

g : 중력가속도[m/s^2]

z : 높이[m]

ρ_0 : 공기밀도[kg/m^3]

ρ_s : 연기층 밀도[kg/m^3]

$$m_e = \alpha A_e \sqrt{2\rho_s \Delta P_{(He)}} \tag{3.2.45}$$

여기서, m_e : 배연량[kg/s]

A_e : 배연구 면적[m^2]

α : 유량계수[−]

ρ_s : 연기층 밀도[kg/m^3]

따라서, $m_p = m_d$이면 식 (3.2.43)에 따라

$$\Delta P = \frac{m_p^2}{2\rho_0(\alpha A_d)^2} \tag{3.2.46}$$

여기서, A_d : 개구면적[m^2]

m_p : 화재플륨유량[kg/s]

α : 유량계수[−]

ΔP : 실내외 압력[Pa]

ρ_0 : 공기밀도[kg/m^3]

이때, $m_e = m_p$을 만족하는 연기층 하단의 높이 z는 다음과 같은 순서대로 계산할 수 있다.

㉠ 임의의 높이 z에서 m_p을 계산한다. 또한 계산시작단계에서 z는 개구 상단부높이로 한다.

㉡ $m_p = m_e$일 때, $Q - c_p m_e(T_s - T_0) - hA_w(T_s - T_0) = 0$의 관계식에서 연기층 온도를 계산하고 $p_s = 353/T_s$을 통하여 연기 밀도를 구한다.

㉢ $\Delta P = \dfrac{m_p^2}{2\rho_0(\alpha A_d)^2}$의 관계식에서 개구부에 관한 하층부 압력차이분포를 구한다.

㉣ m_e를 계산할 때, $m_p = m_e$일 때, ①로 돌아가 연기층 높이 z를 늘리는 계산을 반복한다.

ii) 기계배연

천장에 설치된 기계 배연구로부터 연기가 배출되는 경우, 배연구에서의 연기 유출량은 다음과 같다.

$$m_e = V_e \, \rho_s \tag{3.2.47}$$

여기서, m_e : 배연량[kg/s]

V_e : 배연량[kg/s]

ρ_s : 연기층 밀도[kg/m^3]

$m_e = m_p$를 만족하는 연기층 하단의 높이 z를 아래의 순서대로 계산한다.

㉠ 임의의 높이 z에서 m_p을 계산한다. 또한 계산시작단계에서 z는 개구 상단부높이로 한다.

㉡ $m_p = m_s$일 때, $Q - c_p m_e (T_s - T_0) - hA_w (T_s - T_0) = 0$의 관계식에서 연기층 온도를 계산하고 $p_s = 353/T_s$를 통하여 연기 밀도를 구한다.

㉢ $m_e = V_e \, \rho_s$의 식으로부터 m_e를 계산하고, $m_p = m_e$일 때 ①로 돌아가 연기층 높이 z를 늘리는 계산을 반복한다.

또한 배연량이 많고 연기층이 얇은 경우에는 공간 상부에 축적된 연기뿐만 아니라 하부의 공기를 포함하는 사례도 있다(그림 3.2.21). 따라서 배출할 수 있는 실질적인 연기 유량이 크게 감소할 수 있으므로 주의가 필요하다.

또한 정확한 배연량의 산정방법은 배연구 주변의 흐름을 포텐셜 흐름으로 근사시켜 배연구로 인입하는 공기에 작용하는 관성력 및 부력의 관계로부터 공기혼입율(인입되는 공기의 체적유량 / 배연구에서 배출되는 체적유량)을 구할 수 있다. 이 공기혼입율의 예측식은 연기층 두께를 변수로서 이용하고 있으므로 연기층의 질량수지식은 비선형 방정식으로 되기 때문에 해석하기 위해서는 일반적으로 컴퓨터를 이용하게 된다.

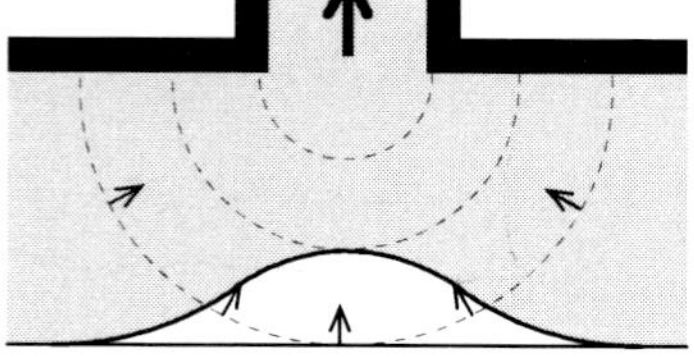
연기층이 두꺼운 경우

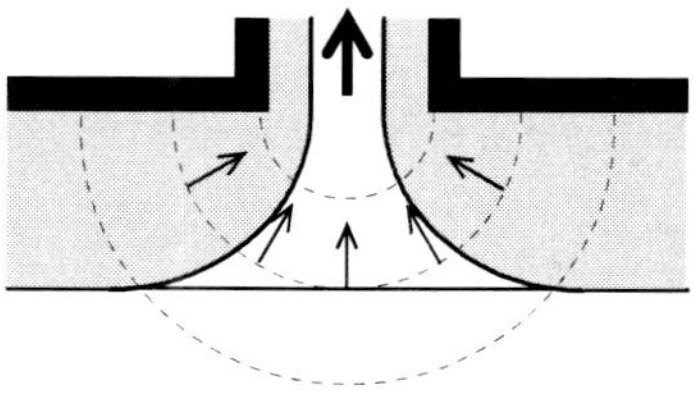
연기층이 얇은 경우

그림 3.2.21 배연구 주변 흐름의 모델화

3.3 화염과 연기층으로부터 가연물로의 복사열유속

화염과 연기층으로부터 가연물로의 복사 열유속은, 가연물 상부에 형성되는 화염 형상 및 연기성상으로부터 두 가지를 합산하여 산정한다.

(1) 화염으로부터 가연물로의 복사 열유속

(2) 연기층으로부터 가연물로의 복사 열유속

– 해설 –

화염과 연기층으로부터 가연물 등에 대한 복사열전달의 산정 시, 가연물 상부에 형성되는 화염 형상은 3.2.2, 연기성상은 3.2.4의 방법을 이용한다. 그 결과로부터 화염과 연기층에서 가연물 등에 대한 복사열전달을 산정할 수 있다.

(1) 화염으로부터 복사열유속

화염으로부터 복사열유속의 산정은 단일 화원으로 간주하는 간이식 또는 형태계수를 이용한 방법 등이 있다.

(a) 간이 계산에 의한 단일 화원의 복사열유속

그림 3.3.1과 같이 단일 화원간의 이격거리 r [m]의 복사열유속은 간단하게 다음 식에서 계산할 수 있다.

$$q_{in} = \frac{\chi Q}{4\pi r^2}\cos\theta \tag{3.3.1}$$

여기서, Q : 발열속도[kW]

q_{in} : 복사열유속[kW/m^2]

χ : 화염의 발열량 중 복사 성분으로 되는 비율[－]

r : 화염 중심으로부터의 이격거리[m]

θ : 화원의 중심에 대한 수열면의 기울기[rad]

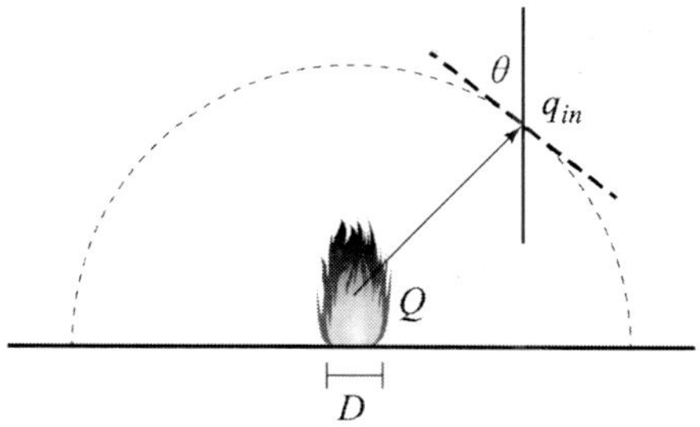

그림 3.3.1 간단한 복사 열유속 산정 방법의 개요도(열원과 수열 면의 위치 관계)

식 중 χ는 화염의 발열량 중 복사성분으로 되는 비율이다. χ는 연소하는 가연물에 의존하고 화염에서 그을음 발생량이 적은 것부터 0.15～0.6의 폭이 있는 것으로 알려지고 있다.[63] 또한 화원 대표지름을 D라고 하면 대체로 $r < 2D$의 범위에서 위 식으로 인한 오차를 무시할 수 없게 되기 때문에 화염 형상을 감안하는 방법에 의해 산정할 필요가 있다.

(b) 형태계수를 고려한 화원의 복사열유속

화염(복사면)의 복사열유속을 계산할 때 화염 형상과 수열 위치와 관계를 산정하는 형태계수를 고려하는 경우 다음 식이 사용된다.

$$q'' = \sum F_i \sigma \varepsilon \left(T_i^4 - T_{surface}^4 \right) \tag{3.3.2}$$

여기서, F : 형태계수[−]

T_i : 복사면온도[K]

$T_{surface}$: 수열면온도[K]

q'' : 복사 열유속[kW/m²]

ε : 화염의 복사율[−]

σ : 스테판볼츠만 정수($= 5.67 \times 10^{-11}$) [kW/m²K⁴]

실무설계에서는 안전측면의 평가를 실시하기 위하여 화염 복사율 ε은 $\varepsilon = 1$을 이용하는 것을 권장한다.

① 형태계수의 산정 방법

화염의 형태계수는 복사면의 높이를 화염 높이로, 가로폭을 화염폭(화원의 직경)으로 계산하는 것이 보통이다. 따라서 형태계수 산정에서는 표 3.3.1에 나타내는 장방형 복사면과 수열면의 위치관계로 대부분의 검토가 가능하다. 또한 화염이 천장에 충돌하여 천장 면 아래로 확대되는 경우에는 화염을 원주와 원반으로 근사시켜 계산한다.

표 3.3.1 형태계수의 산정식의 예

그림	산정식
① 수열면(dA_1)이 복사면(A_2)과의 평행	
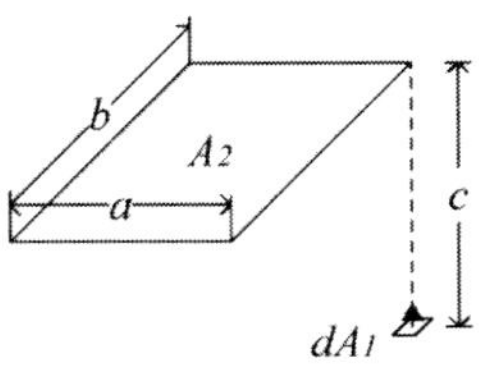	$X=\frac{a}{c},\ Y=\frac{b}{c}$ $F_{d1-2}=\frac{1}{2\pi}\left(\frac{X}{\sqrt{1+X^2}}\tan^{-1}\frac{Y}{\sqrt{1+X^2}}+\frac{Y}{\sqrt{1+Y^2}}\tan^{-1}\frac{X}{\sqrt{1+Y^2}}\right)$
② 수열면(dA_1)이 복사면(A_2)과의 직각	
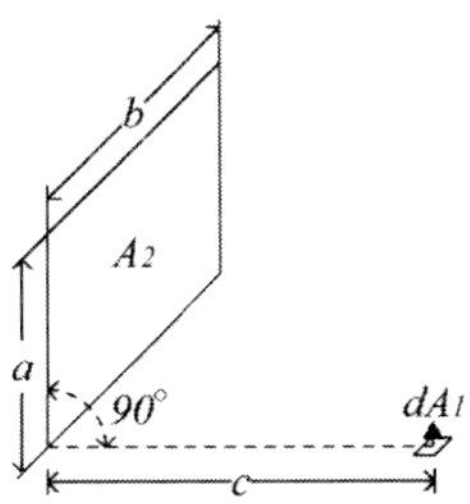	$X=\frac{a}{b},\ Y=\frac{c}{b}$ $F_{d1-2}=\frac{1}{2\pi}\left(\tan^{-1}\frac{1}{Y}-\frac{Y}{\sqrt{X^2+Y^2}}\tan^{-1}\frac{X}{\sqrt{X^2+Y^2}}\right)$
③ 수열면(dA_1)과 바닥이 dA_1에 수평인 원주(A_2)	
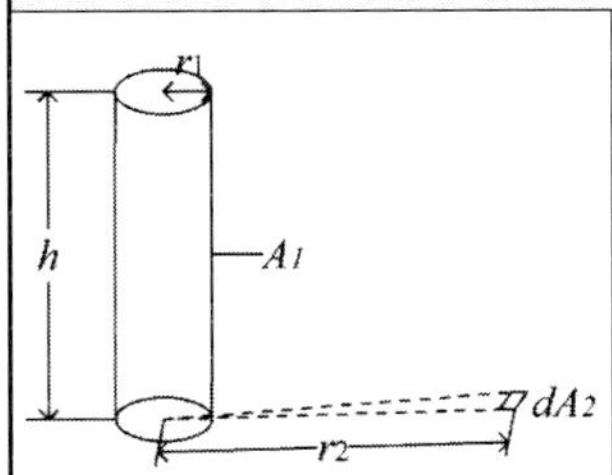	$R=\frac{r_1}{r_2},\ L=\frac{h}{r_2},\ X=\sqrt{(1+L^2+R^2)^2-4R^2}$ $F_{d1-2}=\frac{1}{2\pi}\cos^{-1}R+$ $\frac{1}{\pi}\left[\tan^{-1}\left(\frac{R}{\sqrt{1-R^2}}\right)-\frac{1+L^2-R^2}{X}\tan^{-1}\left(\frac{X\tan(0.5\cos^{-1}R)}{1+L^2+R^2-2R}\right)\right]$
④ 수열면(dA_1)과 평행한 원반(A_2)	
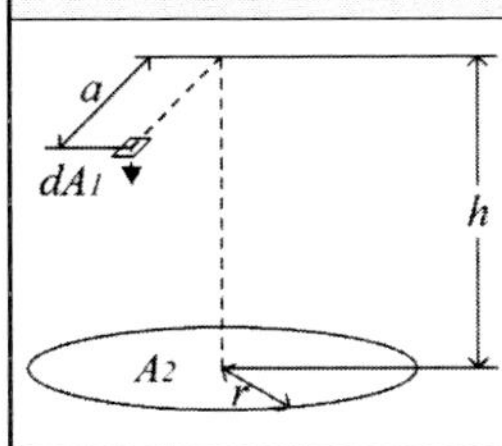	$H=\frac{h}{a},\ R=\frac{r}{a},\ Z=1+H^2+R^2$ $F_{d1-2}=\frac{1}{2}\left(1-\frac{1+H^2-R^2}{\sqrt{Z^2-4R^2}}\right)$

② 화염의 복사면과 온도의 설정

화염의 복사면은 안전측면에 평가하기 위해서는 다음 그림 3.3.2에 나타낸 바와 같이 수열면에 가장 가까운 위치에 연속화염영역 및 평균화염영역으로 분할하여 설정한다. 또한 입체적으로 가연물이 연소하는 경우에는 가연물이 잔존하는 영역도 고려하여야 한다. 연속화염영역은 연속화염높이에서 평균화염영역은 평균화염높이에서 설정하고 3.2.2의 표 3.2.2～표 3.2.4를 참조한다. 또한 평균화염높이를 산정하는 식이 없는 경우에는 연속화염높이와 간헐화염높이의 평균치로 한다.

연속화염영역 및 간헐화염영역의 온도는 그림 3.3.2와 같이 자유공간 및 벽의 화원에서는 820℃ 및 704℃, 우각부의 화원에서는 920℃ 및 776℃로 각각 설정한다.[64),65)] 또한 여기에서는 가연물에 잔존하는 영역의 온도는 연속화염영역과 같은 온도로 한다.

참고로 화염온도 820℃, 704℃의 복사면에서의 복사열유속을 $\varepsilon = 1$이라고 하면 각각 81 kW/m^2 (= E_{820}), 52 kW/m^2 (= E_{704})이 된다.

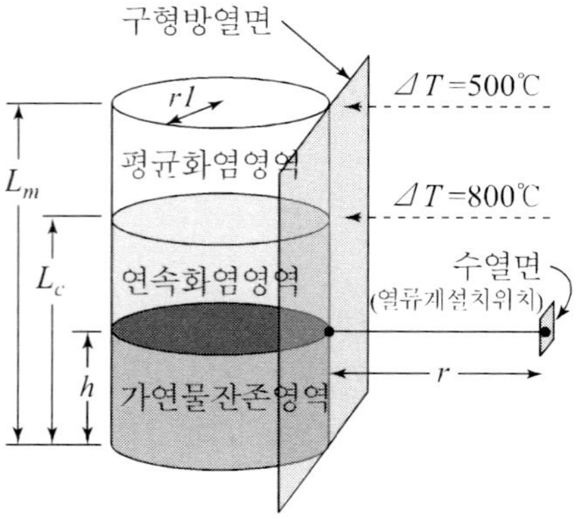

자유공간, 벽체 온도치(℃)	우각부 온도치(℃)
$\sqrt[4]{\dfrac{(820+273)^4+(520+273)^4}{2}}$ ≈977 [K] → 704℃	$\sqrt[4]{\dfrac{(920+273)^4+(520+273)^4}{2}}$ ≈1 ,049 [K] → 776℃
820℃	920℃
820[℃]	920[℃]

그림 3.3.2 입체화원 복사모델 계통도와 각 영역의 설정온도

③ 천장 전염을 고려하는 복사열유속

화재 공간 내에서 연소하는 가연물의 화염이 천장에 도달하면, 천장을 따라 가로 방향으로 전염한다. 그림 3.3.3에 나타낸 바와 같이 화원상의 화염에 부가하여 전염된 화염으로부터 복사도 포함시키는 경우의 복사열유속의 개념은 다음과 같다.

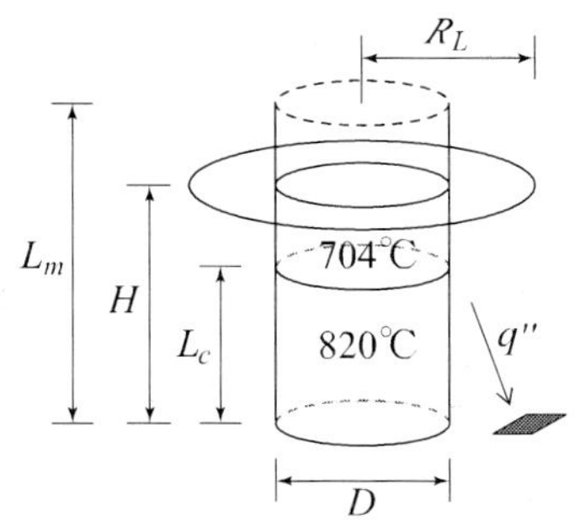

그림 3.3.3 천장전염을 고려한 화염 형상의 개념도

우선 그림 3.3.3에 나타내는 방법으로 화염높이와 온도를 설정한다. 화염은 높이 L_m의 원주이며, 그 온도는 L_c 이하에서는 820℃이고 그보다 상부의 경우에는 704℃로서 일정하다. 여기서 704℃는 연속화염온도 820℃(ΔT =800℃의 높이)와 평균화염높이 상단 온도 520℃(ΔT =500℃) 높이의 4제곱의 평균이다.

연속화염높이 L_c [m], 평균화염높이 L_m [m], 전염길이 R_L [m]는 다음 식으로 구할 수 있다.

$$L_c/D = 1.8\begin{cases} Q^{*2/3}\ (Q^* < 1) \\ Q^{*2/5}\ (1 \le Q^*) \end{cases} \tag{3.3.3}$$

$$L_m/D = 3.4\begin{cases} Q^{*2/3}\ (Q^* < 1) \\ Q^{*2/5}\ (1 \le Q^*) \end{cases}$$

$$\frac{R_L}{D} = 0.50\left(\frac{L_m - H}{D}\right)^{0.96} \tag{3.3.4}$$

여기서, D : 대표 치수(화원의 폭, 직경) [m]
H : 천장높이[m]
L_c : 연속화염높이[m]
L_m : 평균화염높이[m]
Q^* : 무차원발열속도[−]
R_L : 전염길이[m]

그림 3.3.3에 나타낸 화염 형상에서 화염의 표면적(측면, 바닥, 상면의 면적의 합계)을 구한다. 전염하는 경우에는 전염 부분의 원반의 표면적도 포함시킨다. 그림에 나타낸 방법에서는 상이한 화염 영역이 있으므로 2개 부분으로 나누어 표면적을 산출한다. 820℃와 704℃의 부분의 표면적을 각각 A_{820} [m²], A_{704} [m²]이라고 하면 다음 식이 이루어진다.

$$\chi Q = \varepsilon\left(A_{820} E_{820} + A_{704} E_{704}\right) \tag{3.3.5}$$

여기서, χ : 화염의 발열량 중 복사 성분의 비율

식 (3.3.5)의 ε에 대해서 정리하면 다음 식과 같다.

$$\varepsilon = \frac{\chi Q}{A_{820} E_{820} + A_{704} E_{704}} \tag{3.3.6}$$

여기서, A : 화염의 표면적[m²]
E : 복사발산도[kW/m²]
Q : 발열속도[kW]
χ : 화염의 발열량 중 복사 성분으로 되는 비율[−]

수열면에서 820℃와 704℃의 부분의 원주를 바라본 경우의 형태 계수는 각각 F_{820}, F_{704}(전염부분도 포함, 원주와 원반부분의 포함부분을 제외시키지 않음)이며, 수열면에 입사하는 복사열은 다음 식과 같다.

$$q'' = \varepsilon\left(F_{820}E_{820} + F_{704}E_{704}\right) \tag{3.3.7}$$

여기서, F : 형태계수[−]
q'' : 복사열유속[kW/m²]
ε : 화염의 복사율[kW]

(2) 연기층으로부터의 복사열 유속

연기층이 공간 상부로 펼쳐지는 고온 상태가 되면 연기층으로부터의 복사에 의해 화재구획 내의 가연물이 일제히 연소된 위험성이 높아진다. 또한 그림 3.3.4와 같이 연기층이 하강함에 따라 연기층과 가연물들의 거리가 가까워져 가연물에 입사하는 복사열유속은 커진다. 그러므로 연기층으로부터 복사열유속은 3.2.4의 방법으로 연기층 온도와 연기층 높이를 산출하여 안전측으로 평가가 이루어지도록 연기 아래 측면을 연기층의 복사면으로 설정하고 가연물에 입사되는 복사열유속을 식 (3.3.8)로부터 산정한다. 또한 형태 계수는 표 3.3.1의 방법으로 산정한다.

$$q'' = F_s\,\varepsilon\left(T_s^{\,4} - T_{Suface}^{4}\right) \tag{3.3.8}$$

여기서, q'' : 복사열유속[kW/m²]

F_s : 형태계수[−]

ε : 연기층의 복사율[−]

T_s : 연기층 온도[K]

$T_{Surface}$: 수열면 온도[K]

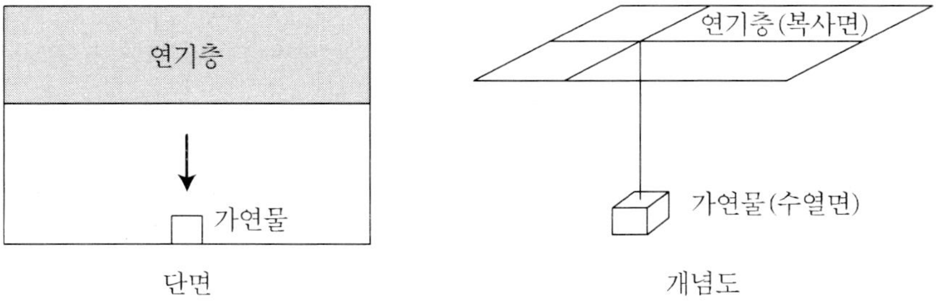

그림 3.3.4 연기층 하면(복사면)과 가연물(수열면)의 관계

참고문헌

1) W. Parker : Calculations of the Heat Release Rate by Oxygen Consumption for various Applications, NBS-IR 81-2427-1, March, 1982

2) 田中哮義, 吉田正志 : 模型箱試験の開発と酸素消費法, GBRC, vol.40, pp.59-68, 日本建築総合試験所, 1985年10月

3) ASTM E 1537 : Standard Test Method for Fire Testing of Real Scale Upholstered Furniture Items, American Society for Testing Materials, April, 2012

4) International Organisation for Standardisation : ISO 9705 Fire tests - Full - scale room test for surface products, August, 1993

5) 高嶋秀一, 長谷見雄二, 吉田正志, 若松孝旺 : OA 家具の燃焼性状に関する実験的研究, 日本建築学会大会学術講演梗概集, A, pp.1259-1260, 1993年9月

6) 三木邦宏, 須川修身, 若松孝旺 : パーティションの燃焼性状に関する研究, 日本建築学会大会学術講演梗概集A, pp.1043-1044, 1991年9月

7) 吉田正志 : 収納可燃物の燃焼性状, 日本建築学会大会学術講演梗概集, A-2, pp.37-38, 2000年9月

8) 吉田正志 : 収納可燃物の燃焼性状その2, 日本建築学会大会学術講演梗概集, A-2, pp.1-2, 2001年9月

9) 吉田正志 : 収納可燃物の燃焼性状その3 家具・寝具類, 日本建築学会大会学術講演梗概集, A-2, pp.265-266, 2002年8月

10) 日本建築学会防火委員会火災安全設計小委員会 : 局所火災に対する耐火設計を考える－魅力ある耐火設計に向けて－, 日本建築学会シンポジウム資料, 2005年2月

11) A. Natori, N. Kakae, J. Kitahori, T. Tsuchihashi, T. Abe, T. Nagaoka, Y. Ohmiya, K. Harada: Development of a Simple Estimation Method of Heat Release Rate based on Classification of Common Combustibles into Groups, Fire Science and Technology, Vol.25(1), pp.31-54, June, 2006

12) V. Babrauskas: Burning Rates, Section 3/Chapter 1, SFPE Handbook of Fire Protection Engineering, 2ndEdition, Society of Fire Protection Engineers, June, 1995

13) V. Babrauskas: Burning Rates, Section 3/Chapter 1, SFPE Handbook of Fire Protection Engineering, 3rd Edition, Society of Fire Protection Engineers, March, 2002

14) 長岡勉, 古平章夫, 上原茂男, 長谷見雄二, 吉田正志 : 椅子の燃焼性状, 平成13年度日本ｺ火災学会研究発表会概要集, pp.180-183, 2001年5月

15) J. R. Lawson, W. D. Walton, W. H. Twilley : Fire Performance of Furnishings as Measured in the NBS Furniture Calorimeter Part I, NBSIR 83-2787, National Bureau of Standards, Gaithersburg, MD, August, 1983

16) 水野智之, 長岡勉, 山田人司, 長谷見雄二, 吉田正志, 薮田孝敏 : 椅子の燃焼性状に関する実験的研究, 日本火災学会研究発表会概要集, pp.290-293, 1998年5月

17) 三木邦宏 : オフィス空間の火災特性とその防火設計に関する研究, 平成3年度東京理科大学修士論文, 1992年3月

18) 池畠由華, 掛川秀史, 佐藤博臣, 栗岡均, 笠原勲, 鶴田俊, 尾川義雄, 稲村勝正, 朝見高志, 石田博志 : 開架式書架の燃焼性状 事務所の火災安全設計火源に関する研究－その10－, 日本火災学会研究発表会概要集, pp.156-159, 2004年5月

19) B. Andersson : Fire Behavior of Beds and Upholstered Furniture - An Experimental Study (Second Test Series) Part 1, Report LUTVDG / (TVBB-3023), Lund Institute of Technology (Lund, Sweden), 1985

20) T. J. Ohlemiller, J. R. Shields : Behavior of Mock-Ups in the California Technical Bulletin 133 Test Protocol : Fabric and Barrier Effects, NISTIR 5653,National Institute of Standards and Technology, Gaithersburg, MD, May, 1995

21) A. Ahonen, M. Kokkala, V. Weckman : Burning Characteristics of Potential Ignition Sources of Room Fires, Research Report 285, VTT (Espoo), June, 1984

22) P. A. Enright, C. F. Fleischmann : CBUF Model I, Applied to Exemplary New Zealand Furniture, Proceedings of the 6th International Symposium on Fire Safety Science, pp.147-158, July, 1999

23) T. Mizuno, K. Kawagoe : Burning Behavior of Upholstered Chair, Part I, Fire Science and Technology, vol. 4, No.1, pp.37-45, June, 1984

24) B. Sundstrom (ed.) Fire Safety of Upholstered Furniture - The Final Report on the CBUF Research Programme. Report EUR 16477 EN Directorate-General Science (Measurementsand Testing). European Commission. InterscienceCommunication Ltd : London, 1995.

25) B. Andersson, S. E. Magnusson : Fire Behaviour of Upholstered Furniture - An Experimental Study, Report LUTVDG / (TVBB-3005), Lund Institute of Technology (Lund, Sweden), 1982

26) M. A. Delichatsios : Fire Growth Rates in Wood Crib, Combustion and Flame, vol.27, pp.267-278, August-ecember, 1976

27) G. Damant, S. Nurbakhsh : Christmas Trees -What Happens When They Ignite?, Fire and Materials, Vol.18, pp.9-16, January / February, 1994

28) D. Stroup, W. Delauter, L. Lee, J. Roadarmel, G. Scotch : Pine Christmas Tree Fire Tests, FR 4010, National Institute of Standards and Technology, Gaithersburg, MD, December, 1999

29) 名取晶子, 原田和典, 大宮喜文, 若松孝旺 : 実在可燃物の発熱速度曲線の推定方法, 日本, 建築学会環境系論文集, 第616号, pp.1-8, 2007年6月

30) 若月薫, 抱憲誓, 城明秀, 織戸貴之, 大宮喜文 : 区画火災における可燃物への熱フィードバックが及ぼす発熱速度への影響, 消防研究所報告, 第103号, pp.9-17, 2007年9月

31) 池畠由華, 笠原勲, 佐藤博臣, 栗岡均, 矢代嘉郎, 掛川秀史, 若松孝旺, 須-川修身 : 代表的家具の燃焼実験 事務所の避難安全設計火源に関する研究 その 2, 日本建築学会大会学術講演梗概集, pp.199-200, 2002年8月

32) 掛川秀史, 矢代嘉郎, 佐藤博臣, 栗岡均, 笠原勲, 池畠由華 : 事務所ビルにおける可燃物の実大燃焼実験事務所の避難安全設計火源に関する研究その3, 日本建築学会大会梗概集, A-2, pp.201-202, 2002年8月

33) 原田和典, 萩原一郎, 吉田正志, 山田常圭, 阿部伸之 : 物販店舗の収納可燃物の燃焼実験, 火災, 56(3), pp12-17, 2006年6月

34) T. Hertzberg, B. Sundstrom, P. V. Hees : Design Fires for Enclosures, BRANDFORSK project nr 314-00ISP, SP Report, February, 2003

35) 小野美紗登, 若月薫, 出口嘉一, 長岡勉, 山田常圭ｻ : 高齢者の生活実態を踏まえた火災の燃焼特性に関する研究, 火災学会研究発表会概要集, pp.48-49, 2011年5月

36) L. Poon : Modelling Fire Development for Fire Engineering Design, Proceedings of 4th International Conference on Performance-Based Codes and Fire Safety Design Methods, March, 2002

37) Y. Hasemi, T. Tokunaga : Flame Geometry Effects on the Buoyant Plumes from Turbulent Diffusion Flames, Fire Science and Technology, Vol.4, No.1, pp.15-26, June, 1984

38) Y. Hasemi, T. Tokunaga : Some Experimental Aspects of Turbulent Diffusion Flames and Buoyant Plumes, from Fire Sources against a Wall and in a Corner of Walls, Combustion Science and Technology, Vol.40, pp.1-17, 1984

39) E. E. Zukoski, T. Kubota, B. Cetegen : Entrainment in Fire Plume, Fire Safety Journal, Vol.3, pp.107-121, February, 1981

40) 長谷見雄二, 西畑三鶴 : 乱流拡散火炎の巨視的性状に対する火源形状の影響, 日本火災学会論文集, Vol. 38, No. 2, pp.1-6, 1989年6月

41) 小山陽一朗 : 建築物の性能的火災安全設計法の構築, 平成22年度東京理科大学修士論文, 2011年3月

42) 出口嘉一, 河野 守, 辻本 誠, 五頭辰紀 : 可燃物配置の不規則性を考慮した実験に基づく火災延焼モデル, 日本建築学会環境系論文集, pp.1-6, 2005年8月

43) 小山陽一朗, 伊原広由基, 野秋政希, 城明秀, 原田和典, 大宮喜文 : 立体的に燃焼する可燃物の燃焼性状, 日本建築学会大会梗概集, A-2, pp157-158, 2010年8月

44) 日本建築学会編 : 鋼構造耐火設計指針, 第2版, 2008年3月

45) W. Takahashi, O. Sugawa, H. Tanaka, H. Ohtake : Flame and Plume Behavior in and near a Corner of Walls, Fire Safety Science - Proceeding of the 5th International Symposium, pp.261-271, March, 1997

46) 田中博和, 高橋済, 須川修身, 奈良松範, 瀬川柳太郎 : コーナー部での火炎高さ性状, 日本建築学会大会学術講演梗概集, A, pp.1379-1380, 1994年7 月

47) 須川修身 : 火炎のマージング性状について, 日本建築学会大会学術講演梗概集, A, pp.1275-1276, 1992年8月

48) O. Sugawa, W. Takahashi : Flame Height Behavior from Multi-fire Sources, Fire and Materials, Vol.17, pp.111-117, May/June 1993

49) 建設省大臣官房技術調査室監修, 国土技術開発センター編集 : 建築物の総合防火設計法, 第2巻 出火拡大防止設計法, 日本建築センター, 1989年 4月

50) B. M. Cetegan, E. E. Zukoski,T. Kubota : Entrainment and Flame Geometry of Fire Plumes, California Institute of Technology, NBS Grant No.G8-9014, August, 1982

51) 田中哮義 : 改訂版建築火災安全工学入門, 日本建築センター, p.154, 2002年1月

52) P. H. Thomas et al : Investigation into the Flow of Hot Gases in Roof Venting, Fire Research Technical Paper, No.7, HMSO, 1963

53) B. M. Cetegan, E. E. Zukoski, T. Kubota:Entrainment in the Near and Far Field of Fire Plumes, Combustion Science and Technology, Vol.39, pp.305-331, 1984

54) Heskestad. G. : Luminous heights of turbulent diffusion flames, Fire Safety Journal, Vol.5(2), pp.103-108, 1983

55) R. L. Alpert : Calculation of Response Time of Ceiling - Mounted Fire Detector, Fire Technology, Vol.8(3), pp.181-195, August, 1972

56) G. Heskestad, M. A. Delichatsios: The Initial Convective Flow in Fire,17th International Symposium on Combustion, Combustion Institute, Pittsburgh, pp.1113-1123, August, 1978

57) B. J. McCaffrey, J. G. Quintiere, M. F. Harkleroad : Estimating Room Temperatures and Likelihood of Flashover Using Fire Test Data Correlations, Fire Technology, Vol.17(2), pp.98-119, May, 1981

58) 田中哮義 : 改訂版建築火災安全工学入門, 日本ᄀ建築センター, pp.232-235, 2002年1月

59) 田中哮義 : 建築火災安全工学入門, 日本建築センター, pp.180-181, 1993年7月

60) 仁井大策, 原田和典 : 火災時の機械排煙口への空気混入限界の定式化と実験による検討 ～二層ゾーンモデルにおける機械排煙口への空気混入の定式化(その1)～, 日本ᄼ建築学会環境論文集, No.573, pp.9-16, 2003年11月

61) 仁井大策, 原田和典 : 天井付け機械排煙口への空気混入率の予測式 ～二層ゾーンモデルにおける機械排煙口への空気混入の定式化(その2)～, 日本建築学会環境論文集, No.584, pp.1-8, 2004年10月

62) 仁井大策, 原田和典 : 壁付け機械排煙口への空気混入率の予ᄀ測式 ～二層ゾーンモデルにおける機械排煙口への空気混入の定式化(その3)～, 日本K建築学会環境論文集, No.600, pp.1-6, 2006年2月

63) 田中哮義 : 改訂版建築火災安全工学入門, 日本ᅩ建築センター, p.169, 2002年1月

64) 日本建築学会編 : 鋼構造耐火設計指針, 第2版, 2008年3月

65) G. Heskestad : Flame Heights of Fuel Arrays with Combustion in Depth, Fire Safety Science - Proceedings of the 5th International Symposium, pp.427-438, March, 1997

66) 長岡勉, 出口嘉一, 新谷祐介, 原田和典 : 火炎からの放射熱の測定 その2 火炎モデルの検討, 日本火災学会研究発表会概要集, pp.90-91, 2009年5月

67) H. Z. You, G. M. Feath, : Ceiling heat transfer during fire plume and fire impingement, Fire and Materials, Vol.3, No.3, pp.140-147, September 1979

CHAPTER 04

구획 내 전체화재

4.1 화재구획의 설정

> 구획 내 전체화재의 성상은 화재성상이 일정해지는 화재구획의 범위를 설정하여 산정한다.

– 해설 –

구획 내 전체화재를 선택하는 경우, 화재성상이 일정해지는 화재구획을 설정할 필요가 있다. 화재구획을 구성하는 요소(벽, 바닥, 천장)는 그 내화성 등을 고려하여 설정한다. 즉, 구획 내 전체화재에 대하여 화재가 계속되는 시간보다 긴 시간 동안 소실 또는 붕괴되지 않는 벽에 의해 둘러싸여 있는 공간을 화재구획으로 설정한다. 한편, 화재에 대해서 경미한 칸막이벽과 같이 화재 발생 후 쉽게 소실 또는 붕괴되는 벽은, 화재구획 범위의 설정 시 화재발생 전부터 그것들은 존재하지 않는 것으로 간주한다.

또한, 구획 내 전체화재에 대해서 화재발생으로부터 비교적 오랫동안 존재하고 그 후, 일부 혹은 전체가 소실 또는 붕괴되는 벽은 화재성상이 안전측으로 산정되도록 화재구획을 설정할 필요가 있다. 그러한 조건에서는 화재구획의 설정을 화재발생 전의 벽의 조건 및 주벽이 소실 또는 붕괴된 조건으로 각각의 화재성상을 산정하고, 그 중 안전측으로 되는 결과를 설계화재성상으로 고려하는 방법이 있다.

또한 본 지침(안)에서는 훼이즈 3까지를 대상으로 설계화재성상을 나타내지만, 만약 인접하는 공간으로 연소확대 되고 인접공간이 화재구획이 되는 경우, 그 인접하는 화재구획으로부터 개구부 등을 통한 열기류 등에 의해 검토대상 구획의 화재성상이 영향을 받을 수 있다. 기본적으로는 화재구획간의 화재성상의 영향을 바탕으로 설계화재성상의 산정을 행하는 것이 바람직하지만, 현재 연구결과가 부족하기 때문에 본 지침(안)에서 그 영향을 고려하는 경우, 화재구획 내의 화재하중을 적절히 할증시킬 것을 권장한다.

4.2. 화재구획 내 온도

> 화재구획 내 온도는 화재구획의 가연물 조건 및 구획조건을 적절하게 설정하고 화재구획 내의 열수지와 질량수지에 근거하여 산정한다.

– 해설 –

구획 내 전체화재에서는 화재구획 내의 가연물, 화재구획의 개구부 및 주벽(벽, 바닥, 천장)의 조건을 적절히 산정하고, 화재구획 내 온도를 산정한다. 화재구획 내 온도를 산정할 때, 화재구획 내의 물리량 등의 상태가 일정하다고 가정하고 열수지 및 질량수지 균형에 근거한 화재성상을 고려한다.

(1) 화재구획 내의 가연물조건 [1), 2)]

화재구획 내의 가연물 조건으로서 화재하중의 설정 및 가연물 표면적의 산출은 2.2에 표시한 방법을 이용한다. 화재구획 내의 가연물의 총발열량은 다음 식으로 구할 수 있다.

$$W = w_f A_r + \sum_i \Delta H_i G_i \tag{4.2.1}$$

여기서, W : 가연물의 총발열량[MJ]

w_f : 수납 가연물의 단위 면적당 발열량[MJ/m^2]

A_r : 바닥면적[m^2]

ΔH : 고정가연물의 단위질량당 발열량[MJ/kg]

G : 고정가연물의 질량[kg]

가연물의 표면적은 수납가연물과 고정가연물 각각의 표면적을 합산하고 다음 식으로부터 산정한다.

$$A_f = \Phi w_f A_r + \sum_i (q_{0.i}/q_w) A_{m.i} \tag{4.2.2}$$

여기서, A_f : 수납가연물의 표면적[m^2]

Φ : 수납가연물의 표면적계수[m^2/MJ]

w_f : 수납가연물의 단위면적당 발열량[MJ/m^2]

A_r : 화재구획 내의 바닥면적[m^2]

q_0 : 고정가연물의 단위면적당 발열속도[kW/m^2]

q_w : 목재의 단위면적당 발열속도(=122) [kW/m^2]

A_m : 고정가연물의 노출표면적[m^2]

로 구할 수 있다. 더불어 수납가연물의 표면적 계수 Φ는,

$$\Phi = \zeta w_f^{-2/3} \tag{4.2.3}$$

여기서, Φ : 수납가연물의 표면적계수[m^2/MJ]

ξ : 화재구획의 용도에 의해 결정하는 계수[$m^{2/3}/MJ^{1/3}$]

w_f : 수납가연물의 단위면적당 발열량[MJ/m^2]

로 구할 수 있다. 더불어 화재구획의 용도에 의해 결정하는 계수 ξ는 안전율을 고려하여, 사무실에서는 $\xi = 0.26$, 주택에서는 $\xi = 0.29$, 숙박시설에서는 $\xi = 0.19$가 된다.

(2) 화재구획의 열수지 [3)]

그림 4.2.1에 나타낸 것과 같이 화재구획 내에서 가연성가스가 연소반응하면서 발생한 열에 의해 화재구획 내의 온도는 상승한다. 또한 발생한 열량의 일부는 화재구획의 주벽(바닥, 벽, 천장)의 온도상승에 기여하고, 또 개구부를 통해 인접하는 공간으로 방출된다. 이 열수지의 관계를 정리하면 다음과 같다.

$$Q_H = Q_W + Q_E + Q_R + Q_T \tag{4.2.4}$$

여기서, Q_H : 화재구획 내의 가연물의 연소에 따른 연소발열속도[kW]

Q_W : 주벽(벽, 바닥, 천장)으로의 손실열량[kW]

Q_E : 개구로부터의 분출열기류에 의한 손실[kW]

Q_R : 개구로부터의 복사열량[kW]

Q_T : 화재구획온도상승에 기여하는 단위시간당 열량[kW]

구획 내 전체화재의 화재성상을 산정할 때, 이 열수지 식을 해석함으로써 화재구획 내 온도를 산정할 수 있다.[4),5)]

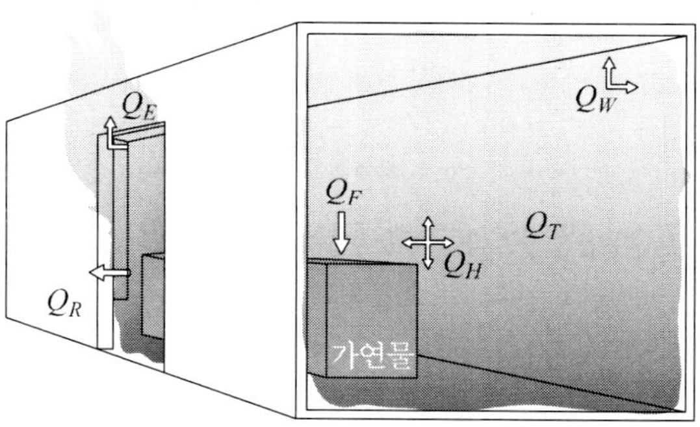

그림 4.2.1 화재구획 내의 열수지의 요소

(3) 화재구획의 질량수지

화재구획 내에서 가연물이 열분해하면서 발생한 가연성가스는 구획 내의 산소와 반응하면서 연소한다. 그 결과, 화재구획 내의 온도가 상승하고 개구부를 통한 대류가 발생하며 개구부에서는 화재구획 내의 고온가스가 배출되어 화재구획 밖에서부터 공기 등이 유입된다. 그것들의 질량수지를 정리하면

$$m_s = m_d + m_f \tag{4.2.5}$$

여기서, m_s : 개구로부터의 고온가스(연기) 유출량[kg/s]

m_d : 개구로부터의 유입공기량[kg/s]

m_f : 가연물의 열분해에 의한 가연성가스의 생성속도[kg/s]

가 된다. 가연물의 열분해속도는 고온가스 유출량이나 유입공기량과 비교하면 작기 때문에

$$m_s = m_d \tag{4.2.6}$$

으로 둘 수 있다.

화재구획에서 단일개구부가 있는 경우, 그 개구부의 중성대로부터 높이 z [m]에 대한 유속 $v(z)$ [m/s]는 베르누이의 식을 적용하여 다음 식으로 구할 수 있다.

$$V_{(z)} = (2\Delta P(z)/\rho_f)^{1/2} = (2g\Delta\rho/\rho_f)^{1/2} z^{1/2} \tag{4.2.7}$$

여기서, $v(z)$: 중성대로부터 높이 z [m]에 대한 유속[m/s]

$\Delta P(z)$: 중성대 높이로부터 상방으로의 압력차[Pa]

ρ_f : 화재구획 내의 가스밀도[kg/m^3]

ρ_0 : 공기(외기) 밀도[kg/m^3]

$\Delta\rho$: 기체 밀도차[kg/m^3]

g : 중력가속도[m/s^2]

z : 개구부 중성대로부터의 높이[m]

따라서, 개구로부터 유출되는 고온가스 유출량 m_s [kg/s]는

$$m_s = \alpha B \int_0^{H-Z_n} \rho_f v(z) dz \tag{4.2.8}$$

여기서, α : 개구계수(≈0.6~0.7)[−]

B : 개구 폭[m]

H : 개구 높이[m]

ρ_f : 화재구획 내의 가스밀도[kg/m^3]

$v(z)$: 중성대로부터 높이 z [m]에 대한 유속[m/s]

Z_n : 중성대 높이[m]

로 구할 수 있다. 즉,

$$m_s = \alpha B(2g\rho_f \Delta\rho)^{1/2}\int_0^{H-Z_n} z^{1/2}dz = \frac{2}{3}\alpha B(2g\rho_f \Delta\rho)^{1/2}(H-Z_n)^{3/2} \quad (4.2.9)$$

여기서, m_s : 개구부로부터의 고온가스 유출량[kg/s]

$\Delta\rho$: 기체 밀도차[kg/m^3]

g : 중력가속도[m/s^2]

Z_n : 중성대 높이[m]

ρ_f : 화재구획 내 가스의 밀도[kg/m^3]

이 된다. 마찬가지로 개구부로부터의 유입되는 유입공기량 m_d [kg/s]는

$$m_d = \frac{2}{3}\alpha B(2g\rho_0 \Delta\rho)^{1/2} Z_n^{3/2} \quad (4.2.10)$$

여기서, m_d : 개구부로부터의 유입공기량[kg/s]

ρ_0 : 공기(외기) 밀도[kg/m^3]

이 된다. 여기서, $m_s = m_d$라고 가정한다면 식 (4.2.9) 및 식 (4.2.10)에 의해 중성대 높이 Z_n은 다음 식으로 나타낼 수 있다.

$$\frac{Z_n}{H} = \frac{1}{1+(\rho_0/\rho_f)^{1/3}} = \frac{1}{1+(T_f/T_0)^{1/3}} \quad (4.2.11)$$

여기서, T_0 : 공기(외기) 온도[K]

T_f : 화재구획 내 온도[K]

즉, 개구부로부터의 유입공기량 m_d [kg/s]는

$$m_d = \frac{2}{3}\alpha BH^{3/2}(2g)^{1/2}\rho_0\left[\frac{1-T_0/T_f}{\left\{1+(T_f/T_0)^{1/3}\right\}^3}\right]^{1/2} \quad (4.2.12)$$

으로 산정가능하다. 이 식 (4.2.12)의 [ ] 안은 화재실 내 온도 T_f가 약 500℃ 전후에서 대체로 일정하게 되면서 다음 식이 도출되어, 유입공기량 m_d는 $A\sqrt{H}$ 를 이용하여 나타낼 수 있다.

$$m_d \approx 0.5A\sqrt{H} \tag{4.2.13}$$

더불어 공기의 단위량당 발열량은 가연물의 종류에 상관없이 약 3 MJ/kg(공기)이므로, 화재구획 내에 유입된 공기에 의한 발열량의 최대치 Q_H [kW]는

$$Q_H = 3000 \times 0.5A\sqrt{H} = 1500A\sqrt{H} \tag{4.2.14}$$

로 계산할 수 있다.

(4) 화재구획 내 온도의 산정

화재구획의 열수지 및 질량수지의 관계식을 해석함으로써 화재구획 내 온도를 산정할 수 있다. 다음은 열수지의 각 요소에 대해서 설명하고 화재구획 내 온도의 산정방법을 나타낸다.

① 주벽(벽, 바닥, 천장)으로의 손실열량

화재구획 내부가 온도상승하면 화재구획의 주벽은 가열되어 온도가 상승한다. 주벽이 가열되어 받은 열량을 정리하면 이하와 같이 된다.

$$Q_W = A_T\left\{h_c(T_f - T_w) + \epsilon_r\sigma(T_f^4 - T_w^4)\right\} \tag{4.2.15}$$

여기서, h_c : 대류열전달율[kW/m²K]

A_T : 화재구획 내의 주벽면적[m²]

ϵ_r : 화재구획 내의 가스층과 주벽면적 사이의 종합 복사율[−]

σ : 스테판 볼츠만 정수($= 5.67 \times 10^{-11}$) [kW/m²/K⁴]

T_w : 주벽의 가열면 측의 표면온도[K]

T_f : 화재구획 내 온도[K]

화재구획 내 온도와 주벽표면 온도는 시간에 따라 상이하기 때문에 주벽의 수열량도 변화하지만, 근사적으로 벽체를 반무한 고체라고 한다면

$$Q_W = A_T \sqrt{\frac{k\rho c}{t}}(T_f - T_0) \tag{4.2.16}$$

여기서, k : 주벽재료의 열전도율[kW/m/K]

ρ : 주벽재료의 밀도[kg/m^3]

c : 주벽재료의 비열[kJ/kg/K]

$\sqrt{k\rho c}$: 주벽재료의 열관성[kW・s$^{1/2}$/m^2/K]

T_0 : 공기(외기) 온도[K]

이 되고, 벽체가 열적으로 얇다고 가정하면,

$$Q_W = A_T K (T_f - T_0) \tag{4.2.17}$$

여기서, K : 열관류률[kW/m^{2}K]

이 된다.

상기의 가정을 행한 경우, 일반 주벽의 가열면 측의 온도 T_w는 1차원 열전도 방정식 (4.2.18)을 해석함으로써 구할 수 있다.

$$\rho c \frac{\partial T}{\partial t} = \frac{\partial}{\partial x}\left(k \frac{\partial T}{\partial x}\right) \tag{4.2.18}$$

여기서, x : 벽체 두께 방향의 길이[m]

T : 온도[K]

t : 시간[s]

식 (4.2.18)은 경계조건으로서 식 (4.2.19), 식 (4.2.20)을 이용하여 해석할 수 있다.

$$\text{실내면} \quad -k \frac{\partial T}{\partial t}\bigg|_{x=0} = h_c(T_f - T_W) + \epsilon_r \sigma (T_f^4 - T_w^4) \tag{4.2.19}$$

$$\text{실외면} \quad k \frac{\partial T}{\partial t}\bigg|_{x=0} = h_c(T_0 - T_{w,L}) + \varepsilon_r \sigma (T_0^4 - T_{w,L}^4) \tag{4.2.20}$$

여기서, h_c : 대류열전달율[kW/m^{2}K]

L : 벽의 두께[m]

ϵ_r : 화재구획 내의 가스와 주벽면적 사이의 총합복사율[－]

σ : 스테판 볼츠만 정수(= 5.67 × 10^{-11}) [kW/m^2/k^4]

T_w : 주벽의 가열면 측의 표면온도[K]

$T_{w,L}$: 주벽의 비가열면 측의 표면온도[K]

l : 가열면으로부터의 길이[m]

② 개구부로부터의 분출열기류의 열량

화재구획 내외에서 온도차가 발생하면, 화재구획 내로 개구부의 하부로부터 공기가 유입되고 상부로부터 화재구획 내의 고온가스가 유출된다. 그 결과, 개구부로부터 화재구획 밖으로 유출되는 열량은 다음과 같이 나타낼 수 있다.

$$Q_E = c_p(T_f - T_0)\, m_s \tag{4.2.21}$$

여기서, m_s : 개구부로부터의 고온가스 유출량[kg/s]

c_p : 정압비율(= 1.01) [kJ/kg/K]

T_f : 화재구획 내 온도[K]

T_0 : 공기(외기) 온도[K]

m_s는 식 (4.2.13)을 이용하여 질량유량을 개구인자로 나타내면 다음과 같다.

$$Q_E = 0.5\, c_p(T_f - T_0) A_{op}\sqrt{H_{op}} \tag{4.2.22}$$

여기서, A_{op} : 개구면적[m^2]

H_{op} : 개구높이[m]

③ 개구부로부터의 복사열량

화재구획 내의 온도가 상승하면 화재구획 내의 고온가스로부터 개구부를 통해 화재구획 밖으로 복사열이 유출된다. 이 복사열량은 다음 식으로 나타낼 수 있다.

$$Q_R = \sigma A_{op}(T_f^4 - T_0^4) \tag{4.2.23}$$

여기서, σ : 스테판 볼츠만 정수(= 5.67 × 10^{-11}) [kW/m^2/K^4]

A_{op} : 개구면적[m^2]

④ 화재구획 내의 가연물의 연소에 따른 연소 발열량

화재구획 내의 가연물의 연소에 따른 발열은 가연물이 열을 받아 열분해하면서 발생하는 가연성 가스가 공기 중의 산소와 반응하여 에너지를 방출하는 현상이다. 주로 가연물로부터 발생하는 가연성가스의 발열량은 가연물 위에 형성되는 화염, 화재구획 내의 고온가스로부터 복사와 대류, 가열된 주벽 등으로부터의 복사열 등에 의해 가연물 표면으로 전달되는 열량으로부터 산정할 수 있다. 이 가연물의 열분해 속도는 화재구획 내의 화재성상을 예측하는 데 매우 중요한 인자가 된다. 이 열분해 속도는 화재 지속 중, 화재구획 내에 가연물이 많은 경우, 개구부의 크기로 결정되는 환기량에 의존하는 것으로 알려져 있다. 한편, 화재구획의 크기와 개구부의 크기에 가연물양이 적고 그 가연물의 표면적이 작으면 열분해속도는 가연물의 종류와 그 표면적에 의존한다. 이러한 관계를 고려하여 가연물의 열분해에 의한 가연성 가스의 생성속도(열분해속도) m_f는 다음 식으로 나타낼 수 있다.

$$m_f / A_{fuel} = \begin{cases} 0.1x & (x \le 0.07) \\ 0.007 & (0.07 < x \le 0.1) \\ 0.12\chi e^{-11x} + 0.003 & (0.1 < x) \end{cases} \tag{4.2.24}$$

여기서, m_f : 가연물의 열분해에 의한 가연성 가스의 생성속도[kg/s]

A_{fuel} : 수납가연물의 표면적[m^2]

χ : 연소형 지배인자[$m^{1/2}$]

식 (4.2.24)에서는 개구부인자 $A\sqrt{H}$ (A : 개구부 면적[m^2], H : 개구부 높이[m])를 가연물 표면적 A_{fuel} [m^2]로 나눈 값 $A\sqrt{H}/A_{fuel}$을 이용하여, 화재구획 내의 화재의 상태를 판별한다.

$A\sqrt{H}/A_{fuel}$은 연소형 지배인자 χ로 불린다. 이 연소형 지배인자는 가연물의 단위표면적당 구획 내로의 유입 공기량을 의미하고, 이 값에 의해 화재구획 내로의 가연물의 연소가 가연물 조건과 개구조건 어느 쪽에 지배되는지 판단하는 지표가 된다. 즉, $\chi \leqq 0.07$의 조건으로는 가연물의 열분해 속도가 개구로부터의 유입공기량에 의존하는 환기지배형이고, $0.07 < \chi$의 조건으로는 가연물의 열분해속도가 가연물의 종류와 표면적에 의존하는 연료지배형이 된다.

가연성가스의 발열량은 화재구획 내의 가연물의 열분해 속도와 가연물의 연소열의 곱과 화재구획 내로 유입한 공기량으로부터 구할 수 있는 발열량을 비교하여 산정한다. 일반적으로 가연물로서 목재를 가정하고 연소열(16 MJ/kg)을 곱해 발열량은 산정된다. 이 경우, 연료지배형에서는 화재구획 내로 열분해하면서 생긴 가연성 가스가 모두 연소하지만, 환기지배형에서는 열분해로 생긴 가연성가스의 일부는 미반응 가연성 가스로서 화재구획 밖으로 방출되어 연소한다. 그러므로 화재구획 내의 가연물의 연소에 따른 연소발열량 Q_H 및 화재구획 밖으로 연소발열하는 미반응의 가연성가스 발열량 Q_{ex} 는 이하의 관계식을 이용하여 나타낼 수 있다.

$$Q_H = \{\min 16000_f \, , 15000 A_{op} \sqrt{H_{op}}\} \quad (4.2.25)$$

$$Q_{\mathrm{ex}} = \{\max 16000 m_f \, - 15000 A_{op} \sqrt{H_{op}} \, , 0\} \quad (4.2.26)$$

여기서, Q_H : 화재구획 내의 가연물의 연소에 의한 연소발열속도[kW]

Q_{ex} : 화재구획 내에서 미반응 가연성가스가 연소하는 경우에 발생하는 발열량[kW]

m_f : 가연물의 열분해에 의한 가연성 가스의 생성속도[kg/s]

A_{op} : 개구면적[m^2]

H_{op} : 개구높이[m]

(5) 화재구획 내 온도 상승

화재구획 내에서 발생한 열량의 일부는 화재구획 내의 온도상승에 기여한다. 화재구획 내 온도의 상승속도를 dT/dt 로 하면, 단위시간 당 화재구획 내의 온도상승의 시간별 변화는 다음과 같이 산출가능하다.

$$\frac{dT}{dt} = \frac{T}{c_p \rho_\infty T_\infty V} \{Q_H - Q_W - Q_E - Q_R - c_p(T - T_p)m_p - c_p(T - T_\infty)m_d\} \quad (4.2.27)$$

여기서, T : 온도[K]

V : 화재구획 용적[m^3]

T_p : 가연물의 열분해온도[K]

m_p : 화재플룸유량[kg/s]

m_d : 유입공기량[kg/s]

화재구획 내 온도를 계산한 결과로부터 열전도 계산을 행하는 주벽의 온도를 산정한다. 시간증분 Δt로서, $t = t + \Delta t$로 시간을 갱신하고, $t > t_f$ (여기서, t_f는 화재계속시간)가 될 때까지 계산을 반복한다. 또한 화재가열 후의 냉각과정의 예측을 행한 경우에는 $t > t_f$ 에서는 $Q_H = 0$으로서 같은 계산을 반복하여 산정할 수 있다.

전술한 내용 이외에도 화재구획 내 온도의 간편한 산정식으로서 식 (4.2.28), 식 (4.2.29)가 제안되고 있다.

$$T_F = 3.0\left(\frac{A\sqrt{H}}{A_r}\right)^{1/3}\left(\frac{\delta}{k}\right)^{1/3} T_0 + T_0 \qquad \left(t > \frac{\delta^2}{4\alpha}\right) \tag{4.2.28}$$

$$T_F = 3.0\left(\frac{A\sqrt{H}}{A_T}\right)^{1/3}\left(\frac{t}{kpc}\right)^{1/6} T_0 + T_0 \qquad \left(t \leq \frac{\delta^2}{4\alpha}\right) \tag{4.2.29}$$

여기서, α : 화재온도 상승계수[−]

δ : 화재구획의 주벽의 두께[m]

(5) 화재계속시간

화재계속시간 t_f [s]는 화재구획 내에서 발생하는 가연물의 총발열량 W [MJ]을 열분해속도 m_f [kg/s]와 가연물의 연소열 q_c [MJ/kg]를 곱한 값으로 나누어 구한다.

$$t_f = \frac{W}{m_f\, q_c} \tag{4.2.30}$$

여기서, t_f : 화재계속시간[s]

W : 화재구획 내의 가연물의 총발열량[MJ]

q_c : 가연물의 연소열[MJ/kg]

4.3 개구분출 열기류의 온도 및 그 화염형상

> 개구분출 열기류의 온도 및 그 화염형상은 화재구획 내 온도, 가연물의 발열속도, 화재구획의 개구조건을 적절하게 설정하여 산정한다.

– 해설 –

개구분출 열기류의 온도 및 그 화염형상의 산정 시, 화재구획 내 온도, 개구분출 유량 및 중성대 높이의 산정은 4.2의 방법을 사용할 수 있다. 개구분출 열기류의 온도가 구해지면 화염의 존재 영역도 판단할 수 있다.

(1) 개구분출 열기류의 중심축

그림 4.3.1에서 개구분출 열기류의 중심축(트라젝토리 · 궤적)을 개구 세장비로 정리한 결과를 나타낸다.[2),6)] 그림 4.3.1로부터 중심축은 개구부 형상이 종방향으로 길어지면 개구부 상

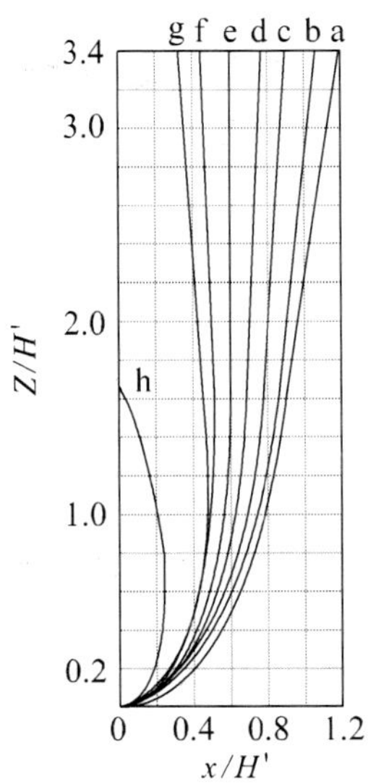

기호	세장비
b	1
c	1.5
d	2
e	2.5
f	3
g	3.4
h	6.4

a : 창의 상부가 자유공간일 경우, b~h : 창의 상부에 벽이 있을 경우

그림 4.3.1 개구 세장비와 개구분출 열기류의 트라젝토리(궤적)

부의 벽으로부터 이탈하는 경향이 있다. 한편, 개구부 형상이 가로로 길다면 개구부 상부의 벽에 가까워진다. 이것은 개구부 분출 열기류의 주변으로부터의 연행공기의 영향에 따른 현상으로, 개구부가 세로로 긴 경우(종장)는 비교적 쉽게 중심축과 벽의 사이로 공기가 유입하지만, 개구부가 가로로 길게 되면 중심축과 벽의 사이에 연행되는 공기가 제한되기 때문에 벽체의 압력이 낮아져 중심축이 벽 방향으로 기울어진다.

또한, 기존실험보다 세장비가 대체로 4 이상의 개구부 조건에서는 개구부 상단 근처로부터 벽으로 중심축이 기울어지는 경향을 확인할 수 있다.[7)]

(2) 개구분출 열기류의 온도분포

개구분출 열기류의 온도분석을 정리하기 위해 그림 4.3.2와 같이 파라미터(parameter)를 정의한다. 그림 4.3.3은 개구부상부에 벽이 있는 경우의 분출열기류 중심축에 따른 온도에 관한 실험결과이다.[6)] 여기서 횡축은 무차원 온도이며 다음 식으로 정의된다.

$$\Theta = \frac{\Delta T_0 \, r_0^{5/3}}{\sqrt[3]{Q^2 T_0 / c_p^2 \, P_e^2 \, g}} \tag{4.3.1}$$

여기서, Θ : 무차원 온도[−]

ΔT_0 : 기류 중심축상의 상승온도[K]

r_0 : 개구부에 있어서 분출면을 원형으로 했을 때의 등가반경[m]

Q : 개구분출 열기류의 열량[kW]

T_0 : 공기(외기) 온도[K]

c_p : 정압비열(= 1.01) [kJ/kg/K]

ρ_e : 화재구획 내의 가스의 밀도[kg/m^3]

g : 중력가속도[m/s^2]

이 식을 기류 중심축상의 온도를 구하는 형태로 변형하면, 다음과 같이 된다.

$$\Delta T_0 = \Theta \times \left(\frac{Q^2 T_0}{c_p^2 \, P_e^2 \, g} \right)^{1/3} \times \frac{1}{r_o^{1/3}} \tag{4.3.2}$$

세로축의 r_0는 개구부에 있어서 개구분출 열기류의 분출면을 원형으로 치환한 경우, 등가

반경이라고 불리며

$$r_0 = \sqrt{\frac{B(H - Z_n)}{\pi}} \approx \sqrt{\frac{BH}{2\pi}} \tag{4.3.3}$$

여기서, r_0 : 개구부에 있어서 분출화염면을 원형으로 했을 때의 등가반경[m]

B : 개구부 폭[m]

H : 개구부 높이[m]

Z_n : 중성대 높이[m]

으로 나타낼 수 있다. 더불어 기류축 방향의 거리 z(그림 4.3.2 참조)는 그 궤적을 엄밀하게 검토하는 경우, 그 산출방법은 복잡한 도해법이 된다. 따라서 상층부로의 연소확대의 위험성을 검토하는 경우, 안전측의 검토로서 단순히 수직거리로 근사시키는 경우가 많다. 개구분출열기류의 보유열량은 기류를 따라 개구로부터 빠져나가는 열량이라고 한다면,

$$Q = c_p\, m_s (T_f - T_0) \tag{4.3.4}$$

여기서, Q : 개구분출열기량[kW]

T_f : 화재실내 온도[K]

T_0 : 공기(외기) 온도[K]

으로 나타낼 수 있다. 또한 여기서 안전측의 평가로서 개구분출 열기류의 보유열량에 화재구획 내에서 미연소 가연성가스의 발열량을 합산하는 방법이 있다.

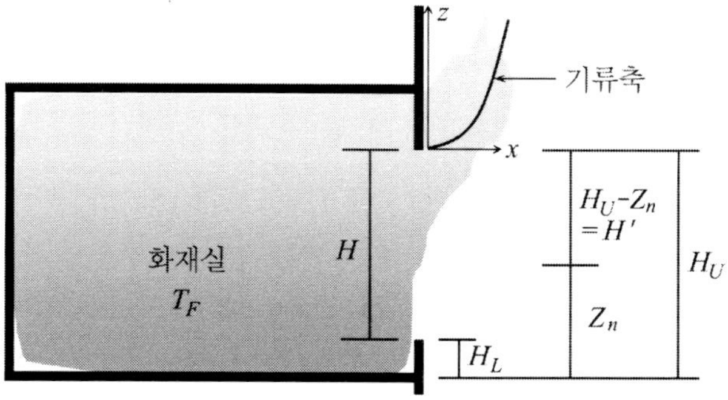

그림 4.3.2 분출화염 개념도

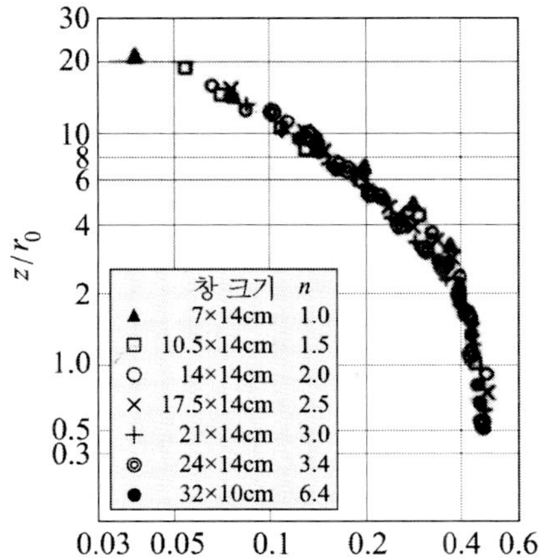

$$\theta = \frac{\Delta T_0 r_0^{5/3}}{\sqrt[3]{Q^2 T_0/(c_p^2 \rho^2 g)}}$$

그림 4.3.3 개구분출 열기류의 온도분포

그림 4.3.3으로부터 개구분출 열기류의 온도분포는 실험결과의 상한을 근사시키도록 곡선을 도출하면,

$$z/r_0 = [-4\ln(2\Theta)]^{5/4} \tag{4.3.5}$$

여기서, z : 개구상단의 수직거리

r_0 : 개구부에 있어서 분출화염면을 원형으로 했을 때의 등가반경[m]

Θ : 무차원온도

이 된다. 이 식을 사용하여 임의의 높이의 개구분출 열기류의 온도 계산이 가능해진다. 더불어 화염형상은 이 개구분출 열기류 중심축상의 상승온도가 500℃ 이상의 고온영역에 존재한다고 설정하고, 개구분출화염의 폭은 안전측의 평가가 될 수 있는 개구폭으로 설정하는 것이 권장된다.[6)]

참고문헌

1) 平成12年建設省告示 第1433号 : 耐火性能検証法に関する算出方法等を定める件, 2000年6月

2) 日本建築学会編 : 鋼構造耐火設計指針, 第2版, 2008年3月

3) 田中略義 : 改訂版建築火災安全工学入門, 日本建築センター, p.231, 2002年1月

4) 関根孝 : コンクリート造建物の室内火災温度の推定 : その1・熱収支式と温度上昇曲線, 日本建築学会論文報告集, 第85号, 1963年5月

5) 川越邦雄, 関根孝 : コンクリート造建物の室内火災温度の推定 : その2・火災温度曲線とその応用, 日本建築学会論文報告集, 第86号, 1963年6月

6) 横井鎮男 : 建築物の火災気流による延焼とその防止に関する研究, 東京大学学位論文, 1959年

7) 山口純一 : 吹抜空間を有する建築物の避難安全設計における煙流動性状計算法に関する研究, 京都大学博士学位論文, 2007年3月

CHAPTER 05

화재구획 내의 연소확대

5.1 가연물간의 연소확대

> 화재구획 내 가연물간의 연소확대를 예측하기 위하여는 화재구획의 가연물조건 및 구획조건으로부터 화염 및 연기층으로부터의 복사열유속을 산정하고, 미착화 가연물에 대한 착화를 판정한다.

– 해설 –

그림 5.1.1에 가연물간의 연소확대 과정을 나타낸다. 실내에 복수의 가연물이 배치되어 있는 공간에서는 출화가연물로부터 근접한 가연물로 연소확대가 이루어짐에 따라 화재가 확대된다. 그림 5.1.1에 나타난 바와 같이 공간 내에 설치된 3개의 가연물(ob1～3)을 대상으로 하여 ob2로부터 출화된 상태를 가정한다. 또한 여기서는 화재구획 내 주변의 벽내장재는 연소되지 않는 것으로 한다. 주벽이 가연성인 조건으로는 별도로 내장재의 연소성상을 검토할 필요가 있다.

ob2가 연소되기 시작하면 ob2 위에 화염이 형성되고, 그 화염으로부터 복사열을 ob1, ob3이 받게 된다. 동시에 ob2의 연소에 의해 화재플륨이 발생하고 공간상부에 연기층이 형성된다. 연기층으로부터도 복사열이 방출되고 ob1, ob3에 입사한다. 미착화된 ob1, ob3에 입사한 복사열은 ob1, ob3의 표면 온도를 상승시킨다. ob2의 연소가 계속되고 ob1 혹은 ob3이 착화조건에 도달하면 연소가 시작되고, 그 연소발열에 의해 연기층 온도가 더욱 상승하며, 미착화 가연물로 입사하는 복사열은 확대된다. 이와 같은 과정으로 가연물간의 연소확대가 진행

된다.

여기서 그림 5.1.2에 가연물간의 연소확대 예측 순서를 나타내었다.

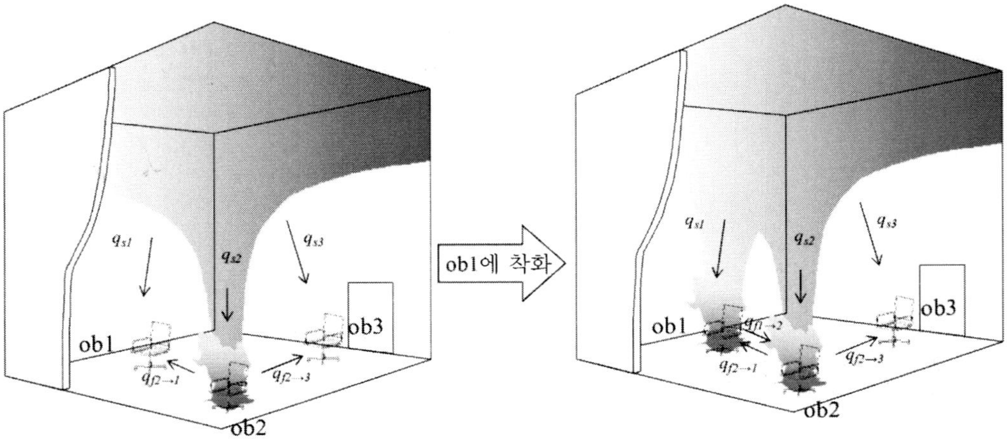

그림 5.1.1 가연물간의 연소확대의 예

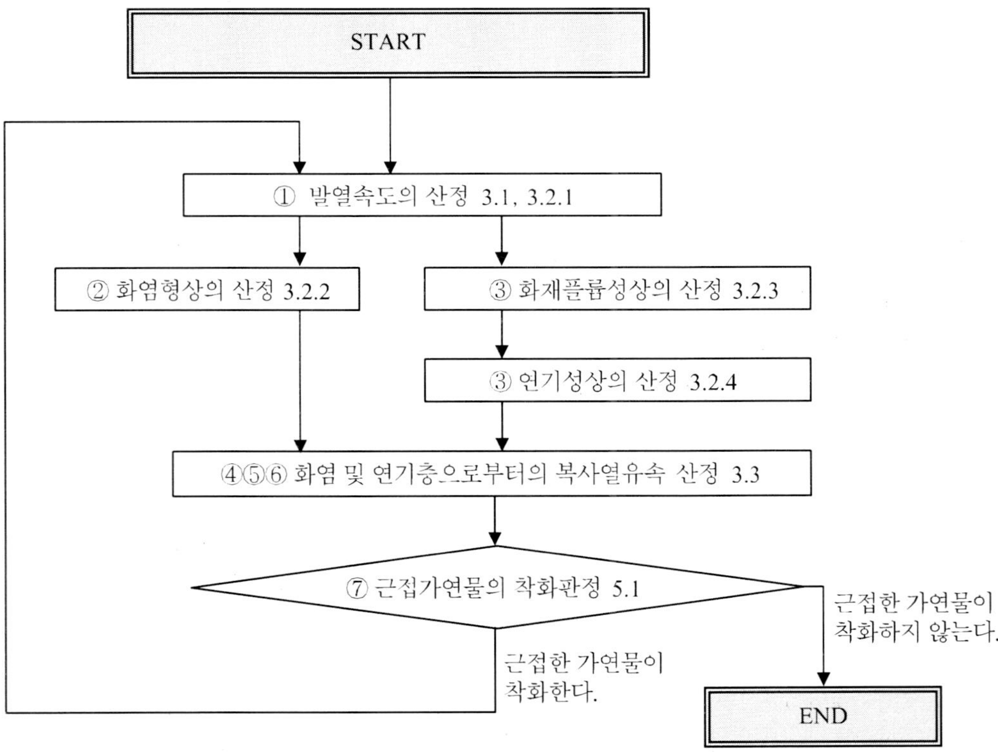

그림 5.1.2 가연물간의 연소확대의 예측 순서

① 발열속도의 산정

가연물의 연소에 의해 발생하는 발열속도는 3.1 및 3.2.1의 방법에 따라 산정한다.

② 화염형상의 산정

화염형상은 3.2.2의 방법에 따라 산정한다.

③ 연기층 온도의 산정

연기층 온도는 3.2.4의 방법에 따라 산정한다.

④ 화염으로부터의 복사열유속의 산정

연소하는 가연물 위로 형성되는 화염으로부터 가연물에 입사하는 복사열유속 q_{ji}는 3.3의 방법에 따라 산정한다.

⑤ 연기층으로부터의 복사열유속 산정

연기층으로부터 가연물에 입사하는 복사열유속 q_{si}는 3.3의 방법에 따라 산정한다.

⑥ 미착화 가연물에 입사하는 복사열유속의 계산

미착화 가연물에 입사하는 복사열유속 q_{ti}는 화염 및 연기층으로부터의 복사열유속의 합계로서 산정한다.

$$q_{ti} = q_{ji} + q_{si} \tag{5.1.1}$$

여기서, q_{ti} : 미착화의 가연물에 입사하는 복사열유속[kW/m^2]

q_{ji} : 화염으로부터의 복사열유속[kW/m^2]

q_{si} : 연기층으로부터의 복사열유속[kW/m^2]

⑦ 착화판정

미착화 가연물이 착화에 도달할 지 식 (5.1.2)로부터 판정한다.

$$\int q_{ti}^2\, dt \ \geq I_{crit} \tag{5.1.2}$$

여기서, I_{crit} : 착화판정조건치[(kW/m^2)^{2}s]

착화판정식은 열 착화이론을 바탕으로 도출된 식이다.[1] 또한, 착화판정조건치 I_{crit}의 값은 가연물의 종류에 따라 다르다. 일반적으로는 I_{crit}의 구체적인 값으로서 「12000」이 이용된다.[2] 이 값은 목재의 착화한계에 관한 실험결과를 바탕으로 산출된 값이다. 미착화된 가연물의 재질이 설정가능한 경우에는 그것들의 조건에 맞추어 착화판정조건을 설정하여야 한다.

5.2 구획 내 전체 가연물로의 연소확대

국소화재 및 이동화재로부터 구획 내 전체화재로의 연소확대 예측으로는 화재구획의 가연물조건 및 구획조건으로부터 판정한다.

– 해설 –

국소화재 및 이동화재로부터 구획 내 전체화재로의 연소확대는, 본 지침(안)에서는 훼이즈 1로부터 훼이즈 3, 혹은 훼이즈 2부터 훼이즈 3으로의 화재국면의 이행이 해당된다. 구획 내 전체의 가연물이 착화되어 연소에 도달하기까지의 과정은 복잡하지만, 본 지침(안)에서는 국소화재 및 이동화재로부터 구획 내 전체화재에서의 연소확대 판정조건으로서 플래시오버의 발생조건을 이용한다.

이 플래시오버의 발생조건은 바닥면에 대한 입사열로 판단하는 방법이 있다. 과거의 연구에 의하면 바닥면으로 입사하는 열유속이 대략 20 kW/m^{2}에 도달하면 플래시오버가 발생한다.[3)] 20 kW/m^2 열유속은 건축물 내에 있는 대부분의 가연물의 착화에 도달하는 충분한 값이다. 바닥면으로의 입사열은 천장에 축적되는 고온의 연기층을 복사원으로서 복사열이 지배적이다. 연기층 온도가 500～600℃에 이르면 플래시오버의 발생조건이라고 판정하는 방안도 있으나, 이 온도에 연기층 온도가 도달하는 경우, 바닥면으로 입사하는 복사열유속은 20 kW/m^2 정도의 값에 가깝다. 따라서, 3.3에 나타낸 연기층온도로부터 산정된 복사열유속이 화재지속 중 20 kW/m^2 초과여부가 플래시오버의 발생조건의 기준이 된다.

또한 플래시오버의 발생조건으로서 화재구획 내의 가연물의 발열속도로 나타내는 방법이 있지만, 그 발열속도에 도달하면 화재구획 내의 연기층 온도가 500～600℃에 달하는 것으로 생각할 수 있다. 표 5.2.1은 플래시오버가 발생하는 발열속도 Q_{FO}의 산정식을 정리한 결과이다. 본 지침(안)에서는 플래시오버에 도달하는 가연물의 발열속도 Q_{FO}가 3.1 및 3.2.1의 방법에 따라 산정되는 국소화재 혹은 이동화재시의 가연물의 발열속도보다 낮은 값인 경우, 플래시오버가 발생하는 것으로 판단한다. 또한, 표 5.2.1에서는 두 가지의 산정식을 나타냈었으나, 안전측의 판정으로서 두 식의 산정결과의 낮은 발열속도를 플래시오버가 발생하는 가연물의 발열속도로 설정할 필요가 있다.

표 5.2.1 플래시오버의 발생조건이 되는 발열속도

예측식		출처
$Q_{FO} = 610\{(hA_T)(A_0\sqrt{H_0})\}^{1/2}$	Eq(26)	The SFPE Handbook of Fire Protection Engineering, 4th Edition, June, 2008
$Q_{FO} = 7.8A_T + 378A_0\sqrt{H_0}$	Eq(27)	Fire and Materials, vol.5, pp.103-111, 1981

여기서, Q_{FO} : 플래시오버의 발생조건이 되는 발열속도[kW]

h : 열손실계수($=k/\delta$) [kW/m²/K]

k : 주벽재료의 열전달률[kW/m/K]

δ : 주벽의 두께[m]

A_T : 화염구획 내 표면적[m²]

A_0 : 개구부 면적[m²]

H_0 : 개구부 높이[m]

참고문헌

1) 原田和典 : 建築火災のメカニズムと火災安全設計, 日本建築センター, 2007年12月

2) 日本建築学会編 : 鋼構造耐火設計指針, 第2版, 2008年3月

3) T. E. Waterman : Room flashover-Criteria and synthesis, Fire Technology, Vol.4, pp.25-31, February, 1968

4) J. B. Fang, R. Jansson, B. Onnermark : Fire Development in ResidentiaI Rooms after Ignition from Nuclear Explosions, FOA Report C20016-D6(A3), November, 1974

5) The SFPE Handbook of Fire Protection Engineering, 4th edition, June, 2008

6) P. H. Thomas : Testing products and materials for their contribution to flashover in Rooms, Fire and Materials, vo1.5, pp.103-111, September, 1981

부록

A. 가연물 조사 방법

A.1 조사 항목

(1) 가연물의 종류에 따른 분류

건축 공간 내부의 가연물은 건축물이 준공 후 사용자에게 인도된 이후 반입되는 가구 등의 물품을 뜻하는 적재가연물과 건축물의 일부가 되는 내장재료 및 창호 등의 고정가연물로 나누어져 있다. 이 중 적재가연물은 건축설계 단계에서 설계팀이 직접 제어할 수 있는 것이 아니라 시설의 용도별 소유자의 의도에 따라 적절하게 설정되는 것이다. 한편, 고정가연물은 건축 설계도에 나타나는 것이며, 설계에 따라 그 양을 알 수 있다. 따라서 양자에 대한 접근 방식은 다르다.

① 적재가연물 : 시설의 사용 방법에 따라 반입되는 물품의 종류 재질, 치수 등을 파악하고, 과거에 행해진 유사한 공간의 가연물 조사 결과에서 유추한다.
② 고정가연물 : 건축 도면에 표현되는 내장재료 및 창호 시방, 설비류의 명칭에서 가연물량을 산출한다.

(2) 화재의 진전 단계에 따른 분류

제1장에서 서술한 바와 같이, 화재안전목표 및 화재의 진전 단계와 밀접한 관계가 있지만, 화재의 진전 단계에 따라 관여하는 가연물의 연소 성상은 다르다.

화재 발생 이후 아주 초기에는 재실자에 의한 초기소화가 시도되지만, 동시에 화재 경보설비에 따른 발견과 정보 전달이 필요하다. 감지기 등의 작동은 착화 직후의 연소 성상에 의존한다.

초기소화를 포기하고 화재실이나 그 주변의 실로부터 피난하는 단계에서는 일차 착화물의 연소가 점차 커지면서 주변의 물품으로 연소 확대가 예상된다. 따라서, 가연물의 연소 성장속도가 문제가 된다.

화재실에서의 피난이 종료되고 피난차가 복도에 머물고 있는 상황과 소방대가 화재실에 접근하는 상황에서는 특정 영역에서 복수의 가연물이 연소하고 있는 것을 상정할 수 있으며, 더 나아가 더욱 확대되고 소화활동이 없는 경우의 공간 전체에 연소가 확대되고 있는 상황을 상정한다.

(3) 연소성상 추정에 필요한 특성값

상기 (1), (2) 두 가지 관점에서 가연물의 연소 성상을 지배하는 매개 변수를 정리하면 표 A.1과 같다.

극 초기화재에 대하여는 전기 스파크, 누전, 일상사용 화기 등에 대한 착화성(착화 조건)과 착화 직후의 발연량을 파악할 필요가 있다. 그러나 현재는 방염 물품의 대상이 되는 커튼, 융단 등의 한정된 물품정도의 데이터밖에 얻을 수 없다. 내장용 재료와 설비 기기 등의 고정가연물에 대해서도 동등한 성능값이 필요하지만 주로 개별 물품으로 출화 방지 대책이 이루어지고 있으므로 건축물의 설계에 사용되는 사례는 그리 많지 않다.

거실 피난 등의 초기화재 단계에서는 발열속도를 다음 식과 같이 시간의 제곱으로 근사한다.

$$Q = a(t-t_0)^2 \tag{A.1}$$

여기서, 계수 α를 화재 성장률[kW/s^2]이라 부르고 제3장에서 나타낸 바와 같이, 화재 성장률은 물품 이름을 단서로 과거의 실험 결과와의 상관관계에서 추정하는 방법과 치수와 재질에서 적절한 모델에 의해 추정하는 방법이 제안되어있다. 추정 방법과의 연속성을 고려하면 가연물 조사에서는 물품명 주요 재질, 치수 등을 조사할 필요가 있다. 또한 고정 가연성 물질은 근처에 있는 적재가연물의 연소에 의해 가열된 표면 마감이 연소될 가능성이 있다.

층 피난으로부터 전관 피난에 이르기까지 소방대에 의한 본격 소화가 이루어지는 단계에서는 실내에 연소가 확대되어 출화실 주변 시설과 복도 등으로 연소 확대가 우려된다. 이때의 적재가연물의 연소는 복수의 물품이 연소됨에 따라 이러한 복수가연물을 구성하는 물품의 명칭, 재질, 치수 및 구성 물품의 상대적인 위치 관계에 따라 연소 성상이 지배된다. 따라서 가연물 조사에서는 일체로 연소되는 복수가연물의 크기와 모양을 구성하는 물품의 명칭, 주된 재질, 치수 등을 조사한다. 또한 고정가연물에 대하여는 표면재가 파괴되면 바탕재료의 연소가 시작된다.

플래시오버 이후의 최성기 화재에서는 실내 전역으로 연소되며, 이때의 화재 성상은 구획화재 이론에 의하면, 가연물 표면적과 단위 면적당 발열속도로부터 추정할 수 있다. 따라서 가연성 물질 조사에서는 가연성 물질의 표면적도 함께 조사할 필요가 있다. 고정가연물에 대하여는 표면재와 바탕재료에 대한 발열속도와 총 발열량의 데이터가 필요하다.

표 A.1 화재의 진전 단계별 연소 성상 추정에 필요한 특성값		
대응하는 화재의 진전 단계	적재가연물	고정가연물
훼이즈 1	착화성, 발연성	착화성
훼이즈 1, 훼이즈 2 (출화실피난)	물품 단독체 또는 복수 물품의 화재 성장률	주로 표면재의 발열속도, 화염 전파 속도
훼이즈 2, 훼이즈 3 (층피난, 중앙피난, 소방활동)	복수가연물의 발열속도	바탕재를 포함한 발열속도, 연소 확대 속도
훼이즈 3 (구조내화, 구획유지)	실내가연물의 발열속도, 총 발열량	바탕재를 포함한 발열속도, 총 발열량

(4) 필요한 조사 항목

화재 성상의 추정에 필요한 특성값과 가연물 조사 항목의 관계를 표 A.2 및 표 A.3에 나타낸다. 표 A.2는 적재가연물에 대한 조사 항목이다. 착화성에 대하여는 표면 재질을 조사하면 열관성과 착화 온도를 이용해 착화 조건을 추정할 수 있다. 물품 단독의 화재 성장률은 산소소모법에 의해 측정된 데이터로부터 물품이름을 바탕으로 상관식을 이용하거나 재질과 치수를 바탕으로 발열속도 예측 모델을 이용할 수 있다. 복수의 가연물의 발열속도에 관해서는 복수의 가연물을 구성하는 물품의 발열속도의 시간을 고려하여 합산하여 추정한다. 따라서 구성 물품 자체의 정보와 함께 물품의 위치 관계가 필요하다.

실내가연물의 발열속도는 모든 가연성 물질의 재질과 노출 표면적에 의존하고 실내가연물의 총발열량은 전체 상품의 중량 및 단위 중량 당 발열량을 곱하여 합산한 것이다.

표 A.3은 고정가연물에 관한 조사 항목이다. 고정가연물은 건축물의 일부이며, 그 시방은 설계 도서에 명시된 것이다. 따라서 고정가연물 자체를 실제 조사할 필요는 없다. 단, 적재가연물이 고정가연물 근처에서 연소했을 때 고정가연물에 착화와 연소확대 여부는 시설 공간의 사용 방법에 의존한다. 따라서 복수가연물의 발열속도 항목에서는 고정가연물 주변의 적재가연물의 정보를 조사해야 필요가 있는 경우도 있다. 예를 들어, 목재 등의 가연성 재료를 벽에 사용하는 경우에 근처에 있는 적재가연물의 연소에 의하여 벽면으로 연소가 확대하지 않을 것을 검토할 경우가 이에 해당된다. 기타 착화성, 화재 성장률, 발열속도, 총 발열량의 추정 방법은 적재가연물과 시방을 알면 연소 성상 예측은 어느 정도 가능하다.

표 A.2 화재 성상의 추정에 필요한 특성치와 가연물 조사 항목의 관계(적재가연물)		
특성값	가연물 조사에 필요한 항목	추정 방법
착화성	표면의 재질	열 관성, 착화 온도로부터 착화 시간을 추정
물품 단독체의 화재 성장률	물품이름	기존의 실험 결과에서 추출된 상관식
	재질 및 치수, 부피밀도	발열속도 예측 모델의 이용
	수납 상황 (불연성 가구 수납 등의 상황)	
복수가연물의 발열속도	[물품단체의 화재성장률]의 항목에 추가되며 복수가연물을 구성하는 물품의 위치관계	덩어리를 구성하는 물품마다의 발열속도의 시간변화로부터 연소확대 예측을 행한다.
실내가연물의 발열속도	실내가연물의 표면적과 표면에 노출되는 재질*1	단위면적에 해당하는 발열속도에 재질마다의 표면적을 곱해서 구한다.
실내가연물의 총발열량	실내가연물의 중량과 재질*1	단위질량당 발열량에 재질별의 질량을 곱해서 구한다.

*1 : 최성기 화재를 대상으로 하기 때문에, 천장 뒷면 및 바닥 아래의 적재 스페이스 등도 조사하는 것이 바람직하다.

표 A.3 화재 성상의 추정에 필요한 특성치와 가연물 조사 항목의 관계(고정가연물)		
특성값	가연물 조사에 필요한 항목	추정방법
착화성	표면의 재질	열 관성, 착화 온도로부터 착화시간을 추정
물품단독체의 화재 성장률	물품이름	기존의 실험 결과에서 추출된 상관식
	재질 및 치수, 부피밀도	발열속도 예측 모델의 이용
복수가연물의 발열속도	고정가연물 주위의 복수가연물의 특성값	복수가연물을 구성하는 물품마다의 발열속도의 시간변화 고정가연물로의 가열상황으로부터 추정하여 연소확대를 예측
실내가연물의 발열속도	구성 재료의 실내 노출 표면적과 재질*1	단위면적 당 발열속도에 재질마다의 표면적을 곱해서 구한다.
실내가연물의 총발열량	구성 재료의 질량과 재질*1	단위질량에 해당하는 발열량에 재질마다의 질량을 곱해서 구한다.

*1 : 내장재료의 경우는 불연 재료, 준 불연 재료 등의 방화 등급으로 대체할 수 있다.

A.2 가연물 조사에 관한 표준 절차

전술한 바와 같이 기본적으로는 실내의 모든 가연성 물질의 여러 항목에 대해 조사할 필요가 있기 때문에 매우 시간이 많이 걸리는 작업이다. 기본적인 조사 절차는 그림 A.1과 같다. 각각의 조사 대상 시설의 가연물에 번호를 붙이고 모든 가연성 물질에 대한 위치 기록, 치수 및 재질의 기록과 무게 측정, 사진 촬영의 3가지로 나누어 효율적으로 추진할 필요가 있다.

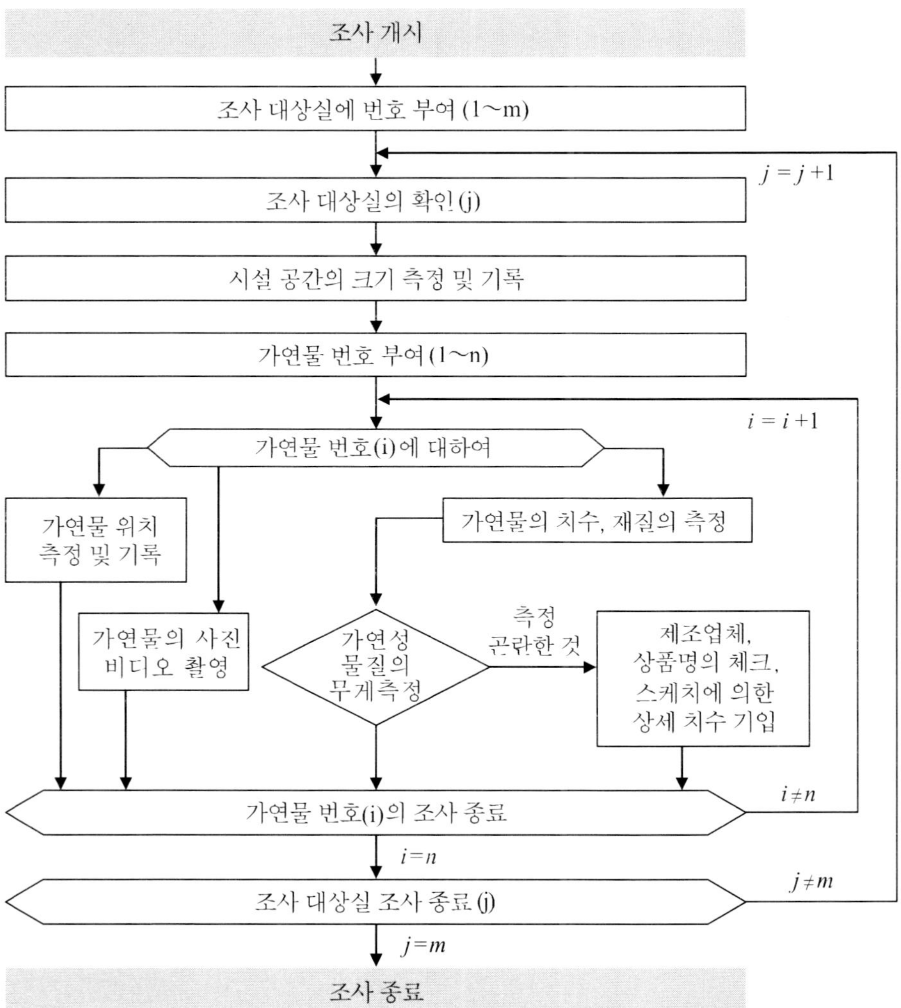

그림 A.1 기본 조사 순서

(1) 가연물 위치

가연물 위치로서는 가연물과 기둥, 벽 등의 건축 부위와의 거리, 근처의 다른 가연물과의 이격거리 등의 정보가 필요하다. 또한 바닥에서 높이도 중요한 정보가 된다. 이 정보들은 초기화재의 화재성상 예측계산에 입력값이 된다.

(2) 가연물의 형상 및 무게

가연물의 형상에 대해서는 되도록 상세하게 치수를 측정하여 부피 체적, 부피 표면적에 의한 측정이 아닌 정확한 치수를 구하는 것이 바람직하다. 조사 대상의 가연물이 직사각형이 아니라 복잡한 형상을 하고 있는 경우에는 일러스트를 작성한다.

무게에 관해서는 저울로 측정하는 것이 기본이지만, 물품이 여러 소재로 구성되어 있는 경우에는 각각의 재료마다 무게를 측정하는 것이 바람직하다. 다만, 구성 재료가 복잡하고 손쉽게 무게를 측정할 수 없는 경우에는 체적을 측정하고 밀도에서 무게를 계산한다. 천장부에 설치되어 있는 물품이나 저울에 올리기 힘든 대형 물품 등은 제조회사와 제품번호를 기록하고 조사 후 카탈로그 등으로 확인한다.

(3) 사진 및 비디오

가연물 전체의 형상을 파악하고, 부분별 세부 사항을 파악하는 것 이외에도 시설 공간과의 관계를 알 수 있도록 주변을 포함하여 촬영한다.

(4) 조사 시트

조사 시트의 예를 표 A.4~6에 나타낸다. 표 A.4는 개별 가연물 정보를 정리하기 위한 것이며, 가연물마다 작성하는 표 중 가연성 물건 번호, 상품 명칭, 형식번호(또는 공급자) 수량, 치수, 구성 재료는 조사 시 측정하고, 그 외의 다른 항목(발열량, 표면적 등)에 대해서는 조사 종료 후 정리한다.

가연성 물질의 노출 표면적은 측정된 치수로부터 산출한다. 가연물의 각 구성 재료의 발열량은 측정된 치수에서 부피를 계산하여 중량을 산출하고 재료의 단위 중량 당 발열량과의 곱으로 한다. 가연물의 발열량은 그것들의 총합으로 산출한다. 발열량 산출시 필요한 재료의 밀도와 발열량은 문헌에서 인용한다. 가연물의 상세한 치수를 측정하기 때문에 부피 체적이 아니라 면밀하게 계산하는 것이 바람직하다. 조사 대상의 가연물이 직사각형이 아니라 복잡한 형상을 하고 있는 경우에는 표 A.5와 같이 상세한 치수를 측정하고 기록한다.

또한 표 A.6과 같이 미리 조사 대상공간의 평면도를 준비해두고, 측정한 가연물의 배치 상황(벽 기둥 부근의 가연물과의 이격 거리)을 기입한다.

표 A.4 가연물조사시트의 예

<table>
<tr><td colspan="4">가연물조사시트</td><td colspan="2">기입자</td><td colspan="2">기입일</td></tr>
<tr><td>조사번호</td><td>A-1</td><td colspan="2">건물명칭</td><td colspan="2">건물 A</td><td>실명</td><td>현관로비</td></tr>
<tr><td>건물용도</td><td>학교</td><td colspan="2">실용도</td><td colspan="2">현관로비</td><td>상황</td><td>담소, 인터넷</td></tr>
<tr><td>구조</td><td>RC조</td><td>계수</td><td>F4</td><td>바닥면적</td><td>182.3 m²</td><td>건축면적</td><td>불명 m²</td></tr>
<tr><td colspan="8">가연물 리스트</td></tr>
<tr><td>가연물 번호</td><td>물품 명칭</td><td>제품 번호</td><td>수량</td><td colspan="2">크기
폭 W×깊이 D×높이 H</td><td colspan="2">구성 재료의 발열량
부위 재질 발열량</td></tr>
<tr><td>A-1-1</td><td>책상</td><td></td><td>1</td><td colspan="2">1000 × 9000 × 600</td><td>천장판재
1000 × 900 × 20
11.7 kg</td><td>파티클보드

135.7 MJ</td></tr>
<tr><td>가연물 종류</td><td colspan="2">수납상황</td><td>수납 계수</td><td>고정, 유동</td><td>비고</td><td>기타
0.0 kg</td><td>스틸
0.0 kg</td></tr>
<tr><td></td><td colspan="2">유(대, 중, 소)
무</td><td></td><td>유동</td><td></td><td>*
0.0 kg</td><td>*
0.0 kg</td></tr>
<tr><td colspan="4" rowspan="5"></td><td colspan="2">목재류 노출 표면적
1.88 m²</td><td>*
0.0 kg</td><td>*
0.0 kg</td></tr>
<tr><td colspan="2">플라스틱류 노출표면적
0 m²</td><td>*
0.0 kg</td><td>*
0.0 kg</td></tr>
<tr><td colspan="2">수납물 노출 표면적
0.00 m²</td><td>목재류발열량</td><td>135.7 MJ</td></tr>
<tr><td colspan="2" rowspan="2">유효노출표면적
1.88 m²</td><td>플라스틱류 발열량</td><td>MJ</td></tr>
<tr><td>유효발열량(1개당)</td><td>135.7 MJ</td></tr>
</table>

표 A.5 가연물 상황도의 예

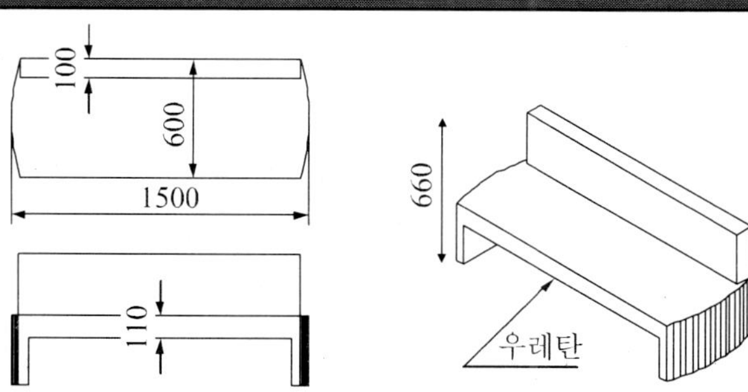

발열량	567.8 MJ	노출 표면적	6.3 m²

표 A.6 조사대상공간의 평면도와 가연물 배치 상황조사시트의 예

가연물 배치 상황 조사 시트				기입자 :		기입일 :	H16/10/6
건물 정보		건물명칭	건물 A	입지	문교 지구	규모	F4
구조	RC조	건물용도	학교	건축넓이	불명 m^2	바닥면적	m^2/층
실 정보		조사번호	A-1	실명	현관 로비	실용도	현관 로비
조사 대상 바닥면적	182.3 m	천장높이	2.7 m	상황	담소, 인터넷		

가연물 배치도

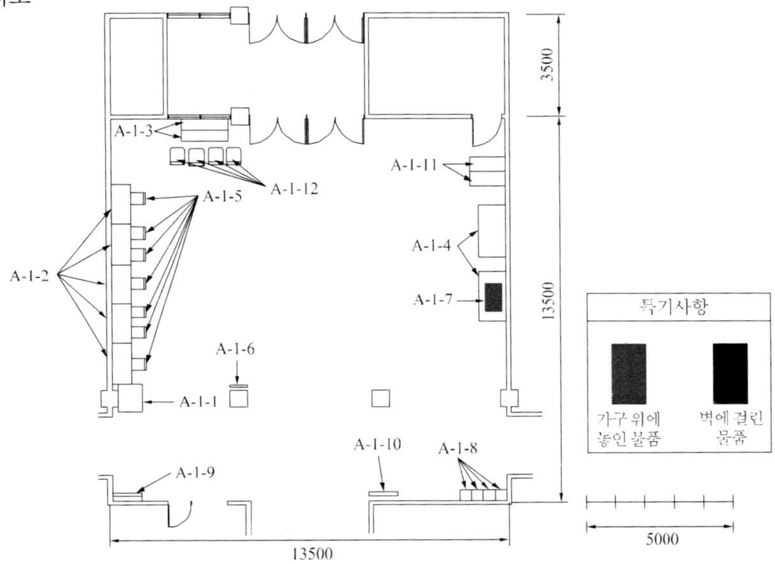

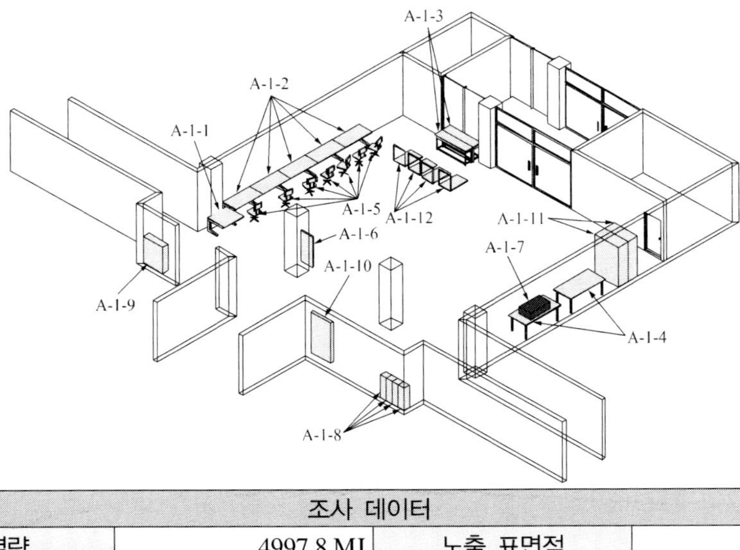

조사 데이터			
총발열량	4997.8 MJ	노출 표면적	59.45 m^2
유효총발열량	MJ	유효 노출 표면적	m^2/MJ
가연물 밀도	27.42 MJ/m^2	노출 표면적 계수	0.012 m^2/MJ
유효 가연물 밀도	MJ/m^2	유효 노출 표면적 계수	m^2/MJ

A.3 집계 방법

(1) 국소화재에 대한 화원

국소화재에 대한 화원으로는 유염 연소 개시 직후의 연소 성상이 문제가 되므로, 조사한 공간으로부터 화재 성장률이 큰 것을 추출한다. 조사 결과는 물품 이름, 재질과 치수로 작성한다. 제3장 발열속도의 추정에서는 물품명으로부터 추정, 물품명과 치수로부터 재질, 재질로부터 추정하는 방법이 서술되어 있으므로 이들 중에서 하나의 방법을 적용하는 데 필요한 정보가 기재되어 있어야 한다.

표 A.7 국소화재에 대한 화원 정리 시트

물품 이름	재질	치수[mm]	발열량[MJ]	표면적[m^2]	비고
		W :			
		D :			
		H :			

(2) 이동화재에 대한 화원

이동화재에 대한 화원으로는 복수의 가연물로 구성된 가연물군(이하, 복수의 가연물로 칭함)의 연소 성상과 복수가연물 사이의 연소확대가 문제로 된다. 따라서 조사된 공간에서 주요 복수가연물을 추출하여 복수가연물의 연소 성상과 이격거리를 추출한다. 복수가연물의 연소 성상은 국소화재에 대한 화원 정리 시트와 같은 정보가 포함되어 있어야 한다.

표 A.8 이동화재에 대한 화원 정리 시트

복수의 가연물을 구성하는 물품 이름	재질	복수가연물의 크기	발열량	표면적	이격 거리
(물품 이름을 열거)	(주요 재질을 기재)	W :			(다른 복수가연성 사이의 이격 거리를 기재)
		D :			
		H :			

(3) 구획 내 전체화재에 대한 화원

구획 내의 전체화재에 관해서는 연소가 구획 내 전체로 확산된 조건(최성기 화재)에 대한 지속 시간과 온도를 구하기 위한 것이다. 따라서 모든 가연물이 연소에 기여할 것으로 고려하는 것이 원칙이다. 따라서 발열량 밀도(면적 당 화재하중의 발열량)를 다음 식으로 계산한다.

$$w_{load} = \frac{\sum_j \Delta H_j \cdot W_j}{A_{room}} \tag{A.2}$$

여기서, w_{load} : 적재가연물의 발열량 밀도[MJ/m^2]

ΔH_j : 물품 j의 단위 중량 당 발열량[MJ]

W_j : 물품 j 무게[kg]

철제 가구 등에 수납된 물품은 그 모두가 연소에 기여하지 않는다. 불연성 가구에 수납되어있는 가연성 물질은 표 A.9에 나타낸 수납 계수를 곱하여 발열량을 계산한다.

$$w_{load} = \frac{\sum_j a_i \Delta H_j \cdot W_j}{A_{room}} \tag{A.3}$$

여기서, a_j : 물품 j의 수납 계수[−]

발열속도의 추정을 위해 가연성 물질의 재질이 필요하다. 간이적으로는 단위 면적당 발열속도를 목질계 재료는 100 kW/m^2, 플라스틱 계통의 재료로는 200 kW/m^{2}로 하면 되나 정확하게는 재질마다 노출 표면적을 기재한다. 수납 가구의 효과를 산정하는 경우에는 표 A.10이 제안되고 있다.[1)]

표 A.9 수납 계수의 표준 설정치

수납 형태	수납 계수
외부가 불연성(철제 문) 가구로 밀폐되어 있는 경우	0.4
외부가 불연성(유리 문) 가구로 밀폐되어 있는 경우	0.5
외부가 불연성(문 없음) 가구로 밀폐되어 있는 경우	0.6
기타의 경우	1.0

표 A.10 수납 형태 당 가연물 표면적의 계산	
수납 형태	표면적의 계산
외부가 불연성(철제 문) 가구로 밀폐되어 있는 경우	$15A\sqrt{H}$
외부가 불연성(유리 문) 가구로 밀폐되어 있는 경우	
외부가 불연성(문 없음) 가구로 밀폐되어 있는 경우	
외부가 불연성(가연성 문) 가구로 밀폐되어 있는 경우	$15A\sqrt{H}+A$
기타의 경우(목질계 가연물)	노출 면적의 실측치
(플라스틱계 가연물)	노출 면적의 실측치 x 2

참고문헌

1) 日本建築学会 局所火災に対する耐火設計ワーキンググループ, シンポジウム資料 : 局所火災に対する耐火設計を考える-魅力ある耐火設計に向けてー, 2005年2月

B. 주요재료의 연소에 대한 물성치

각종 가연물의 연소에 대한 물성치를 표 B.1~B.8에 나타내었다.

표 B.1 셀룰로오스계 재료(가공 소재)의 연소에 관한 물성치

재료명	단위질량 당 연소발열량 (MJ/kg)	단위면적 당 별열속도 (kW/m^2)	열분해 온도 (℃)	열분해 잠열 (MJ/kg)	출처
종이	17.3	84		3.60	1, 2, 5, 6, 7
종이(난연처리)	10.1				1
신문	18.4				8
신문폐지모음					5
골판지 상자	16.0				8
합판	18.8		328	0.95	1, 7, 9, 11
셀룰로오스	15.6				6, 8
파티클보드	16.7		397		1, 7
하드보드			354		7
연질 섬유판	14.7				1
경질 섬유판	20.1				1
코르크	30.7				4, 6
탄화코르크 판					4
밀짚	16.3				6, 10
낙엽(단풍나무)	19.3				8
새싹					4
평균	17.8	-	-	-	
표준편차	4.82	-	-	-	

표 B.2 셀룰로오스 계 재료(원료)의 연소에 관한 물성치					
재료명	단위질량 당 연소발열량 (MJ/kg)	단위면적 당 별열속도 (kW/m²)	열분해 온도 (℃)	열분해 잠열 (MJ/kg)	출처
톱밥	14.0				2, 4
적송			263		1
애쉬				2.37	3
식물성 기름				2.20	3
웨스턴 햄록				5.16	3
웨스턴레드시다				6.36	3
워노레너트				3.23	3
가문비 나무			262		1
단풍	17.8			2.02	3, 8
참나무					5
계수나무			270		1
해산 적송			271		1
오동나무			269		1
느티나무			264		1
자작나무			263		1
삼나무	18.9		240	2.26	1, 3, 4, 5
미송				6.32	3
솔송나무			253		1
분비나무			253		1
노송나무			253		1, 4, 5
밤나무			272		1,5
블랙체리				3.01	3
포도				3.12	3
화이트 오크				1.41	3
폰데로다파인				2.79	3
천연가죽				5.51	3
소나무					4, 5
마호가니				2.79	3, 5
전나무				1.82	5, 9
낙엽송				5.34	3
라왕					5
레드오크				1.74	3
평균	16.9			3.38	
표준편차	2.57			1.67	

표 B.3 연질 플라스틱 재료의 연소에 관한 물성치					
재료명	단위 질량 당 연소 발열량 (MJ/kg)	단위 면적당 별열 속도 (kW/m²)	열분해 온도 (℃)	열분해 잠열 (MJ/kg)	출처
폼 폴리스틸렌	40.7		354	1.43	1, 4, 5, 6, 7, 8
폴리우레탄	25.5	360	310	1.22	1, 2, 4, 5, 6, 9
폴리에틸렌	46.6				1, 9
유리아폼					4
염화비닐폼					4, 5
폴리스틸렌	42.1			1.36	9
연질폴리우레탄폼		465			2, 4
평균	38.7	413	332	1.34	
표준편차	7.9	53	22	0.09	

표 B.4 경질 플라스틱 재료의 연소에 관한 물성치					
재료명	단위질량당 연소발열량 (MJ/kg)	단위면적당 발열속도 (kW/m²)	열분해 온도 (℃)	열분해 잠열 (MJ/kg)	출처
ABS 수지	37.6				1, 6, 10
아크릴 수지	27.7		378	1.45	1, 5, 6, 7, 8, 9
아스팔트	40.0				4, 5, 6
아스팔트 타일	17.3		378		1, 4, 7
이소부틸렌	20.1				8
절연 보드			355		7
에틸 셀룰로오스			290		1
에폭시 수지	34.0				1, 5, 6
경질 폼			435		7
고무	29.8		379		1, 4, 5, 6
실리콘 수지					1, 5
스티렌·아크릴로 니트릴 공중 합체 수지			366		1
스티렌·메탈 메타 아크릴 레이트 공중합 수지			338		1

스티렌아크릴로니트릴 혼성 중합체					1
셀룰로이드	18.3				6, 8
테프론					5
펄라이트 보온판 1호					4
페놀폼(난연 경질)				3.74	9
페놀수지	28.0			1.64	5, 6, 9
불화에틸렌 프로필렌					1
폴리아크릴로니트릴	30.8		265		1, 8
폴리이소시아렛트폼			445	2.59	7,9
부틸 고무	43.7		357		1,8
경질폴리우레탄폼				1.32	5,7,9
폴리에틸렌	44.1	960	366	2.51	1, 2, 5, 6, 7, 8, 9
폴리에틸렌 테레프탈레이트	22.0		295		1,8
폴리 옥시메틸렌	15.5		526	2.43	8,9
폴리카보네이트 수지	30.1			2.07	1, 5, 7, 8, 9
폴리크랄	22.5				1
폴리스틸렌 수지		330		1.68	2, 5, 7, 9
폴리부타디엔	42.8				8
폴리프로필렌	43.7	800	369	2.24	1, 2, 5, 8, 9
폴리프로필렌 옥사이드	28.9		313		1
아세트산 비닐 수지	17.2		350		1, 8
멜라민 수지	19.0		475		1, 6
리소륨	21.2				1, 4, 6
염화비닐수지	15.3			2.10	1, 5, 7
아세테이트					1
우레아수지 발포체	15.8		280		6
평균	27.7	697	366	2.16	
표준편차	9.8	267	66	0.65	

표 B.5 섬유 재료의 연소에 관한 물성치					
재료명	단위질량당 연소발열량 (MJ/kg)	단위면적당 발열속도 (kW/m^2)	열분해 온도 (℃)	열분해 잠열 (MJ/kg)	출처
아크릴	20.0	503			1
아크릴(난연처리)		96			
아크릴 80% : 울 20%	25.9				1
면	16.6	204			1, 2, 5, 6, 8
면(난연처리)		57			
카펫(아크릴)	30.7		300		7
카펫(양모 스톡)			465		7
카펫(양모, 난연 처리 있음)			455		7
카펫(양모, 난연 처리 없음)			455		7
카펫(나일론 울 혼합)			412		7
나일론	27.6		383	3.10	1, 7, 8
폴리에스테르(100%)	28.9	102			1, 5
폴리에스테르 35% : 아세테이트 65%	18.2				1
폴리에스테르 40% : 마 60%	14.7				1
폴리에스테르 65% : 면 35%	21.6				1
폴리에스테르 80% : 마 20%	20.6				1
폴리에스테르 85% : 마 15%	24.9				1
폴리에스테르 95% : 나일론 5%	19.7				1
레이온(100%)	19.0	119			1
레이온(난연 처리)	7.9	37			1
우모섬유펠트(두께 1 cm)					4
우모섬유펠트 1호					4
우모섬유펠트 2호					4
우모섬유펠트 3호					4
비단	19.0				5, 6
삼베(100%)	16.7				1
삼베(방염처리)	10.1				1

양털	23.0				1, 5, 10
양털 80% : 레이온 20%	11.2				1
폴리에스테르	26.5		396	1.39	1, 6, 7, 9
폴리에스테르(섬유강화)	21.0				6
폴리에스테르(난연, 유리강화섬유)				1.75	9
폴리에스테르(무기질, 난연처리)	7.1				1
평균	19.6	160	490	2.08	
표준편차	6.4	148	54	0.74	

표 B.6 기타 가연물의 연소에 관한 물성치

재료명	단위질량당 연소발열량 (MJ/kg)	단위면적당 발열속도 (kW/m^2)	열분해 온도 (℃)	열분해 잠열 (MJ/kg)	출처
곡물	17.0				6
밀	15.0				10
주방 쓰레기	14.5				6
기름	40.0				6
버터	38.5				10
다다미(돗자리)					4
가죽	20.0				5, 6
석고	0.4				1, 4
석고 보드	6.3		496		1, 4, 7
펄프시멘트 판	1.8				1
암면	2.1				1, 4, 5
글라스페이스 (유리섬유를 잘게 갈아 종이처럼 얇게 제조)	3.4		445		1, 7

표 B.7 액체 연료의 연소에 관한 물성치					
재료명	단위질량당 연소발열량 (MJ/kg)	단위면적당 발열속도 (kW/m^2)	열분해 온도 (℃)	열분해 잠열 (MJ/kg)	출처
메탄올	19.8	470	65	1.10	7 ,9, 10
에탄올	26.8	725	79	0.84	2, 7, 9, 10
가솔린	44.1	1850	155	0.34	2, 7, 10
쿠르드 오일(화원직경 0.5 m)		620			2, 10
벤젠	39.9		80	0.43	9, 10
헵탄(화원 직경 0.3~0.5 m)	44.4	1100	99	0.36	2, 7 ,9, 10
등유	44.0	1900		0.67	2, 7

표 B.8 고체 연료의 연소에 관한 물성치					
재료명	단위 질량 당 연소 발열량 (MJ/kg)	단위 면적당 별열 속도 (kW/m^2)	열분해 온도 (℃)	열분해 잠열 (MJ/kg)	출처
석탄	29.0				6
무연탄	34.0				6
흑탄(역청탄)	35.2				8
갈탄	24.8				8
코크스	31.0				6
목탄	30.0				6

참고문헌

1) 高橋済, 須川修身 : 材料の燃焼とその生成物, 火災便覧13.1節, 1997年 5月

2) B. McCaffrey : Flame Height, SFPE Handbook on Fire Protection Engineering, 2nd Edition, Sectio2/Chapter 1, June, 1995

3) D. Drysdale : An lntroduction to Fire Dynamics, John Wiley & Sons, May, 1999

4) 伊藤克三, 中村洋, 桜井美治, 松本衛, 楢崎正也 : 大学課程建築環境工学, オーム社, 1996年3月

5) 日本機械学会編 : 伝熱工学資料改訂第4版, 1986年10月

6) 日本建築学会編 : 鋼構造耐火設計指針, 1999年3月

7) J. G. Quintiere : Principles of Fire Behavior, Delmer publishers, August, 1998

8) C. Huggett : Estimation of Rate of Heat Release by Means of Oxygen Consumption Measurements Fire and Materials, Vol.4, No.2, pp.81-95, June 1980

9) A. Tewarson, R. F. Pion : Flammability of Plastics 1-Burning Intensity, Combustion and Flame, Vol.26, 85-03, February-June, 1976

10) The SFPE Handbook of Fire Protection Engineering, 3rded., March, 2002

11) J. Fangrat : Surface temperature at ignition of wooden based slabs, Fire Safety Journal, Vol.27(3), pp.249-259, October, 1996

찾아보기

PBD를 위한
화재화중 · 설계화재모델 정가 25,000원

발 행 2017년 1월 10일 초판 1쇄
저 자 일본건축학회
역 자 한국화재소방학회
발행처 도서출판 동화기술
경기도 파주시 광인사길 201(문발동, 파주출판도시)
Tel (031)955-4211~6 donghwapub@nate.com
Fax (031)955-4217 www.donghwapub.co.kr
(등록) 1977년 12월 19일/9-16호

ISBN 978-89-425-9103-9